▶现代社会中，女人被报以更多的期许，于是女性的压力也越来越重：工作中，压力来自永远做不完的工作，来自于努力证明自己的付出，来自于一年比一年更高的债效指标；生活中，压力来自孩子口中没完没了的“为什么”，来自两三天一堆的脏衣服，来自于需要不断花样翻新的一日三餐；感情中，压力来自于叛逆的孩子，来自于晚归的丈夫，来自于婆媳问题……那么，正在阅读本书的你，现在正被哪一种压力困扰身心？又该如何让自己在压力下，找出解决之道？希望每个女人都能与压力和平共处，更加美丽自信。

▶为什么越来越多的人喜欢“放飞自我”？答案是压力太大。每天端着、紧张着、拼搏着，偶尔也应该停下来，回归真正的自我。

▶你有多久没有关注过生活中的小细节了？绿的树、红的花、白的云、清澄的水，你应该学着放下压力，享受一下触手可及的生活。

▶现代社会，生活节奏越来越快，我们的压力也越来越大。有人用旅游减压、有人用音乐减压，有人用买买买减压……如果你还没找到合适的方式，不妨试试瑜伽，5分钟的调息和冥想也许会让你的情绪平静下来。

▶压力太大的时候，你应该试着找个人倾诉，因为孤独会让你的压力变成忧郁，你需要分担、需要有人陪伴。

▶如果你最近正被压力困扰，那么不妨抽出身来，整理一下你的房间。在整理的过程中，你能收获自我控制感，它能让你觉得安全，觉得不再那么焦虑不安。

▶逆境中，每个人都难免痛苦、难免焦虑、感到压力巨大。这个时候，一定不能任由消极情绪恶性循环，我们应该做的是接纳自己，并且重新振作起来。

跟压力做朋友

各种心理压力以及压力管理策略

荣丹 著

台海出版社

图书在版编目（CIP）数据

跟压力做朋友 / 荣丹著. -- 北京：台海出版社，2017.9

ISBN 978-7-5168-1542-7

Ⅰ.①跟… Ⅱ.①荣… Ⅲ.①压抑(心理学)–通俗读物 Ⅳ.①B842.6-49

中国版本图书馆CIP数据核字（2017）第212730号

跟压力做朋友

著　　者：荣　丹

责任编辑：王　品　　　　装帧设计：久品轩
版式设计：张丽娜　　　　责任印制：蔡　旭

出版发行：台海出版社
地　　址：北京市东城区景山东街20号　邮政编码：100009
电　　话：010－64041652（发行，邮购）
传　　真：010－84045799（总编室）
网　　址：www.taimeng.org.cn/thcbs/default.htm
E – mail：thcbs@126.com

经　　销：全国各地新华书店
印　　刷：保定市西城胶印有限公司
本书如有破损、缺页、装订错误，请与本社联系调换

开　　本：150×210　1/32
字　　数：98千字　　　　印　　张：6
版　　次：2017年12月第1版　　印　　次：2017年12月第1次印刷
书　　号：ISBN 978-7-5168-1542-7

定　　价：32.00元

前言　心若一片海　愿载不系舟

清晨醒来，流水线似的收拾好自己，抄起包走出家门通勤。会不会迟到？拥挤的车厢里会不会丢东西，路上堵车情况如何？等赶到公司一切都好了……但是还有一大堆头疼的工作和虎视眈眈的领导；撑到晚上下班就好了，不过昨天跟朋友约好小聚，钱包堪忧；晚上几点能回家，家人会有意见吗？明天能按时到公司吗……你在心里默默演习这一天，明显地感受到心跳加快，你开始烦躁，感到无比压抑又无能为力。这种被各种事务绑架的“压力”日复一日，年复一年地构架了你普通的人生。看上去，你被夹在中间，既无法前进，也无法后退，直至身心俱疲。

你是派的夹心，是被吹胀的气球，是被溪流不断拍打的石头。在各种压力下，你愤怒、孤独、憎恨、不安、嫉妒、绝望，判断力失误，导致你的工作和人生不断出错。如果能驾驭压力，就能从压力中获益。那么，压力是什么？

压力来自对未知结果的恐惧、担忧。它发生在该发生的时间，因此，所有一切都是最好的结果。所谓不好的发生，不过是提醒你纠正人生的偏差，所有压不垮你的都会让你更强大！

很多人正经历情感伴侣、亲子人际、工作学习、事业金钱、疾病等困扰。你应该承认敌人的存在，从牙齿武装到脚趾，控制住、进攻它，最终获得一种积极地，协同发展的良性关系，而不是独自一人弱不禁风的模样。专注、勇敢、坚持、信仰……学习与压力和平相处，然后成为它的主人的方法，把所有的营养给在正确的地方，让正念发芽，精神会在积极快乐的状态下引导事情向好的方向发展，转一个方向，人生会收获与众不同的风景。

心是一片幽秘之海，把所有委屈的泪滴拥在怀里；心是一颗智慧之果，时间对其启动“挫折”模式，使其从青涩到成熟，凤凰涅槃；心是一面给别人看的镜子，照不见委屈，只看到欢喜；心是一座教堂，倾诉恶念，朝向光明。压力是一个弹簧，坚信压不垮你的都会让你更强大的人会获得反弹的冲力，收到很多惊喜，最终获得自由。

你要坚信：所有的发生都是应该这样发生，并且应该此时发生。只需去看见这发生背后隐藏的真相，如此人生就获得一份厚礼。然后，你会深深感恩这一切。

目　录

C o n t e n t s

C o n t e n t s

第五章　转化：压力给的机会你怕了吗？

第六章　压力是未来的规划师

第一章

你为什么不快乐？压力的惯性思维

20 岁的时候，你的关键词是爱情、漂亮、帅气、自由、洒脱，等等。到了 30 岁的某天，突然你会发现，人生的幸福不过是和睦、健康、平安——这就是成长的蜕变，是压力带来的改变，生活布置好的领悟。在这个过程中，压力曾经让你意气风发，有时也让你无所适从。压力的存在既无奈又合理，既霸道又振奋。如何使其不那么面目可憎，其实要审度你自己的心。是什么压力让你的思维驶入不快乐的路轨?

1. 你的压力模式是什么

关于压力的问题，有个很著名的心理学试验。

教授在一个幽暗的环境中对九个人说：你们走过眼前这座小桥，千万别掉下去，不过掉下去也没关系。几个人看到眼前的小桥虽然很窄又歪歪扭扭，但看上去还是很平坦的，于是就相继走了过去。这时，教授点燃一盏幽黄的灯，问大家：你们谁能走回来？九个人一听，转身就准备往回走，他们觉得完全没有难度啊。因为亮起了灯光，他们就顺便看了一眼桥下，顿时吓得魂儿都飞了。原来，根本不是“掉下去”也没关系——桥下竟隐隐露着鳄鱼的脑袋，太可怕了！教授动员了半天，终于有三个人愿意尝试一下。第一个人哆哆嗦嗦地走了半天，眼睛紧紧盯着脚下，生怕惊动鳄鱼；第二个人走到一半，吓得趴到桥上动弹不得；第三个人更利索，走了两三步就吓得迈不开腿了。这时，教授终于把灯打亮了。大家仔细一看，原来在桥和鳄鱼之间还有一层细密而结实的网，鳄鱼根本无法伤人，大家松了一口气，放心地走了过去。这时，教授发现还有一个人仍站在原地不动。教授问他，你怎么不走过来？对方回答说：我怕网不结实！

这个试验旨在测试人类在不同环境下承受压力的程度和压力对心态、行为造成的影响。人的主观能动性是在环境影响下逐渐完善的，并且呈现出多样性，正因为个体的特殊，所以感知不同的压力模式会做出不同的反应：看上去很快乐开朗的人，心底深处可能深深掩埋着某些不幸；看上去似乎天生忧郁的人，或许会沉醉于某些简单的小幸福。在压力面前，有人沉默不语，却濒临崩溃；有人吃喝玩乐来缓解紧张情绪；有人火爆性格，重压之下头脑一热就打算玉石俱焚；也有人积极努力，知耻而后勇，想尽办法化压力为动力。这就是人们各自的情绪反应。

压力模式萌生于成长过程中，从家庭、社会环境和学校教育中学习而来，在大脑中形成固定的思维方式。当压力点被启动时，脑回路就自动沿着既成模式做出反应，因此人们处理问题的模式往往是固定的。

压力增持型："我必须成功"。绝不回避压力，但极易将压力扩大化，并且将紧张归咎于制造这种情绪的人或者事。这种类型的人正常的状态就是无论何时总是精神紧绷，处在高压的警戒之下，也很难理解轻松的生活。这类人遇到挫折，非常容易陷入心理困境中无法自拔。

压力削减型："我必须放松"。他们理解高效率的工作和学习是将压力降到最低的重要方法，因此平时看起来是平静和努力的。但是，他们的目标性很强，就是为了减压而减压，所以很可能不理会领导布置新的任务，而只是按照自己的步骤，做力所能及的事。

压力规避型："我不愿失败"。不想失败，所以不想做事，这是他们的惯常逻辑思维。他们知道压力会让自己的生活变得不那么自由，所以表现出高度焦虑，进而不思进取，安于现状；他们偶尔愿意提出自己的意见，但绝对不会去主动促成建议的实现。总而言之，规避者们丧失了太多的发展机会。

压力展现型："我不会被压力压垮"。客观认识压力，并积极乐观地迎接压力，知难而上。这类人不是没有，只是占绝对的少数，他们容易鼓励别人、影响别人，是天生的领袖。

现在，来思考下属于你的压力类型，想一想你和压力的相处模式是否对现在的生活有积极的作用。

在自己通常表现出来的压力模式下，人们经常用不同的情绪反应来“配合”压力的作用，进而将感受不佳的状态表现出来。

暗示：易受暗示人群约占总人数1/4，其中包括：高度心理相融洽的群体；独立性不强的人，如学生、女性；处于紧张、恐惧中的人；外向性格的人。

心理暗示的力量有多大呢？我们来看一个案例。美国某工厂，许多工人都是从附近农村招募的。这些工人由于不习惯在车间里工作，总觉得车间里的空气太少，因而顾虑重重，工作效率自然降低。后来厂方在窗户上系了一条条轻薄的绸巾，这些绸巾不断飘动着，暗示着空气正从窗外涌进来。工人们由此祛除了“心病”，工作效率随之提高。

了解了心理暗示的力量，就应该让自己远离消极的心理暗示的影响，“心理暗示”的一个重要机制就是循环反应。经常给自己积极的心理暗示，及时调节自己的心态，也许有暂时的不如意，可你暗示自己“过去这一段儿就好了”，或用其他积极向上的事例来鼓励自己，如果能够及时转变你的生活方式和思考方式的话，马上就能让自己的生活阳光灿烂。

变化：当生活环境发生变化，需要自己重新调整适应环境，人际关系的变化、工作的变化、经济状况的变化，通常都会给人带来很大压力——这就是为什么刚入职的员工会更加努力的缘故。如果当搬家、换工作、与女朋友关系突然紧张等事情叠加在一起时，你感受到的压力就会更加强烈。

压迫感：压迫感是渴望按一定的方式生活，并对此有很高的期望，它是现代生活中“忙碌病”的一部分。你从来不对自己的所作、所能的或者所拥有的感到满足，总是对自己提出苛刻要求。如果你陷入繁忙的工作中无法抽身，呼吸困难的话，就要思考一下是不是让自己太超负荷了？你这样紧逼自己是为了什么？然后学会放下，求得解脱。

懒惰：偷懒的要义就是，该干的事情一定要干，只不过力求用最少的时间和最小的精力，或者用让自己最舒服的方式干。但似乎绝大多数人都只是“懒”，却不能聪明地懒。也就是说，你并不知道对那些繁琐、复杂、花费时间而且附加值不高而又不得不做的工作如何进行简化处理，所以陷入苦恼之中。

当然，压力思维模式很强大，它影响着你的工作和生活，帮你筹划了未来。问题的关键，是你要如何看待它们：是将其视为毒蛇猛兽，小心翼翼地规避，还是乐观面对，自信地建立支持系统，都在一念之间。当你有能力管控压力时，才会让事情不至于沦落到失去控制的可怕地步，当你有机会掌控压力时，才会获得长足的发展机会，让压力变成自我实现的动力。

2. 给情绪装上避雷针

如果你的一天始于糟糕的情绪，那么很可能会全天痛苦。你心情不好，仿佛整个世界都在跟你作对：工作看起来反反复复，总是一团糟；不断催你交报告单的领导永远那么“面目可憎”；午饭真是太难吃了，真不知道那家饭店怎么生存到现在的；孩子太淘气了，没完成作业，又在微信群里被点名批评；家人又在对你发表各种不满，信用卡账单不识时务地邮递过来……好吧，这就是令人感到绝望的生活。

有句话套用在这里同样适用：情绪能成就一个人，也能毁掉一个人。烦心事造成坏心情，坏心情又反作用于工作和生活，让麻烦事情一件多过一件，让你的压力越来越大。总之，生活中最令人感到郁闷的不是突如其来的变故，而是许多堆积在一起的细小的烦恼。

傍晚，在下班的路上你想起了下周的年度绩效考核：今年任务完成量好像不尽如人意，或许在同事中算垫底的，会不会被辞退，下份工作准备做什么？现在可不是找工作的好时候。你越想越紧张，心情也变得特别糟糕；到了家，桌子上没有饭菜，房间里是孩子的哭声，妻子黑着脸出来了，一言不发走进厨房；你去冲澡，发现镜子里的自己顶着个啤酒肚，秃顶的脑袋油汪汪的，满脸疲惫，自从上了班就没怎么锻炼过，身体接二连三出问题……想想看不到未来的未来，想想日渐苍老的自己，你的心情跌落谷底。

晚上，你本来计划加班做个计划书，可是心情烦躁地打开电脑后在自动弹出的网页上看到了感兴趣的话题。于是你打开新闻，一条一条刷下去，感到心情放松了不少。不知不觉快到睡觉时间了，可是你的计划书还没有开始做！你心情再次狂暴了起来，生活简直糟糕到了极点！

看到这里，很多人都好像看到了自己的生活：你知道有一堆事烦扰着自己，但不愿去想它们，不主动解决它们，于是你压力更大，陷入恶性循环。

压力对情绪的影响包括：容易激动、发怒，意志消沉，严重的可能会患上神经衰弱，智力功能降低，甚至有自杀行为等。

压力对行为的影响包括：在工作中粗心大意，对批评过敏，难以集中精力，缺勤率高，工作态度恶劣，人际关系变坏等。

对于压力，人体有一种天生的吸收缓冲机制，如果一个人生活在流动的、不停变化的压力丛中，你的身心是充满能量的。压力并不可怕，可怕的是你对压力的不良反应。所以，保持愉快的心情来应对压力，在现代社会是一项至关重要的修炼。

自我暗示。在工作和日常生活中，遇到烦心事即将发怒时，告诉自己“千万不要发怒，发怒不但伤身，还会失去理智”“这点困难肯定能挺过去”进而削弱愤怒的强度。

自我降温。哲学家屠格涅夫劝告那些刚愎自用、脾气暴躁的人：在开口之前，必须把舌头放在嘴里先转10圈，转了10圈怒火也就降温了。日本一位心理学家也曾劝告正要发怒的人：在开口或行动之前，在心理倒着数20个数字，往往会收到减弱愤怒程度的效果。

体育锻炼。锻炼可以起到增强心肌机能、消除不良情绪的作用。释放过汗水后，你会发现自己的心情已经平复了很多。

注意力转移。把你的注意力从愤怒的环境转移到其他事物上去，这可以帮助你削弱愤怒的强度。比如，遇到不顺心的事情后，越想越气，不如丢开它，把注意力转移到自己开心的事情上。例如刷刷微博、跟朋友打场篮球，或者看场电影等。

情感升华。所谓情感升华是指通过各种创造活动，如绘画、写毛笔字、写小说、写诗歌等来宣泄内心的痛苦，生活中，很多人都是不自觉地这样做的。比如一个独自在国外工作的男孩，他在国外没有什么朋友，每天的工作压力也很大，在那段时间里，这个彻头彻尾的理工男居然学会了写诗，他说每天最快乐的时候就是在纸上涂涂写写的时候。

有的时候人长期处于一种生活状态中就会慢慢地习以为常，一如长期沉浸在挫折所带来的痛苦之中就会很容易地忘记那个原本拼搏向上的自己。这时候其他人的帮助都只是辅助，真正能够让自己重新站起来的人，只有我们自己。

3. 你炫耀的是你缺少的东西

有人说，成功人生不需要炫耀，因为炫耀什么就说明内心缺少什么。可是你身边缺少习惯性地把自己的东西or生活拿出来炫耀的人吗？当然不少。这群人好像在真空地带，从不为生计担忧，终日在朋友圈中秀自己优渥的生活和高大上的人际关系，炫耀男女朋友，炫耀奢侈品，几乎闪瞎了你终日奔波的眼。

从心理学上看，炫耀是一种安全感缺失的表现。具体说来是自尊心强于自我能力，为得到社会群体注意而采取的其他方式彰显自我价值的做法，动机是比较和补偿。实际上比较、补偿和追求超越这些本身都是很正常的心理本能，但若过度表现，则会形成心理学所说的“过度补偿”，成为病态反应。

Lily在初入公司时非常努力，一次因为某个案子得到领导认可。她开心地告诉办公室每一个人，并且特别强调拉到了“重点客户”。一开始，大家都为她高兴，可渐渐发现这个人似乎有点“不正常”。

Lily去办了个美容卡，对同事说，女人保养不能光靠你们淘的那些瓶瓶罐罐，去美容院才是正道，这钱不能省。看看，我往这美容卡里存了好几千呢……哎？你这裙子看着布料不好，你看我穿的，商场买的最新款，看配色款式多棒，特别衬托我的身材和气质……她每天不停地炫耀着自己，丝毫不顾这些的话会不会让别人下不来台。渐渐地，办公室里没有人愿意跟Lily说话了。而主人公还愤愤不平，在朋友圈里经常发一些酸溜溜的文字：“别流泪，别人会笑；别低头，王冠会掉。”“有些人总是嫉妒那些他们得不到的东西，对于这样的人最好的应对就是完全不理会！”在Lily的心里，别人都是在嫉妒她：为什么被孤立被疏远呢，你们就是不如我嘛！

案例中的Lily就是典型的爱炫族。或者有心，或者无意，很多人的炫耀都是在变相强调别人“比你差”“不如你”，总用这样的痛点刺激别人，别人肯定不会愉快。与此同时，炫耀会使自我的刺激幅度不断增加，对外人的刺激也在同步增加，因此炫耀是个同步增长的负循环。此外，为了获得支撑“炫耀”的资本，势必投入大笔金钱和精力搭建高高在上的空中花园，从而给生活和人际关系带来沉重压力。

既然炫耀的压力如洪水猛兽，那么究竟什么原因让人趋之若鹜？

心理强迫症。生活中，很多人炫耀自己其实没有任何恶意，只是到了一定场合，就喜欢渲染自己的“特殊身份”和优势，想让头上多一道光环。

展现自己的“与众不同”，以期对职场有所帮助。对有些年轻人来说，有个“拿得出手”的家世等同于成功了一半；而对于没有身世背景的新贵来说，耀眼的学习、工作经历就是其炫耀的主要资本。

攀比心理。这是一种在社会上广泛存在的心理，很多人都希望超越别人，或者至少不要比别人差。

人类的炫耀说到底是在追求一种心理满足：炫耀之后获得满足感和自豪感，很多时候让人误以为是轻松快乐的。然而，别忘了这种满足感是别人给的，相当被动，而不是发自你的内心。炫耀是一种本能，但不要做“为了炫耀”而给自己身心频繁制造压力。

春节时很多人晒账单时发现一个假期花出去的钱少则几千，多则十几万。把账单晒出来炫耀的时候，可能有一瞬间感觉自己“很有钱”，但风光过后，强大的经济压力冷暖自知。

日本导演北野武成名前想买辆好车。后来，他拥有了一辆保时捷。但奇怪的是，他并不开这辆车，而是让别人开，自己坐着出租车跟在后边。原因很简单，他觉得自己开车看不到车的样子，所以宁愿在出租车里对司机得意地说：看！那辆保时捷是我的！

喜欢炫耀的人，经常会不可自控地撒谎，而人如果经常撒谎的话，对脑神经的不良刺激明显增加，心理负担也会随之加重，长期陷入担心、紧张与害怕的状态之中，脾气变得暴躁，情绪也不稳定，爱与人争执。同时，还容易伴有失眠，消化不良，甚至会造成神经衰弱，导致精神疾病的发生。

虽然我们每个人在一些特定的时候都可能产生炫耀心理，但是你应该保持自省，一旦察觉到炫耀心理的存在，你就应该及时克服掉，比如平时要多读书，多观察，特别是多读有关处世哲学与历史人物方面的书，使自己尽快成熟起来。

4. 失败拥有双子座性格

当朋友圈都在晒周游世界的时候，你在艰辛地“自愿”加班；当朋友们名下都拥有两套、三套甚至更多房产的时候，你拖着疲惫沉重的身体在公家车上祈祷一个座位，能坐着回到小公寓；当朋友们晒出豪华大餐、爱情红包的时候，你正在吃简单的食物——为了省钱，而且是孤身一人；当股市疯涨的时候，你赶快开户加入，“上车”后却赶上了暴跌的浪潮；当滴滴刚刚兴起的时候没“感觉”，看朋友兼职一年赚了几万，急匆匆准备加入司机大军的时候，网约车政策出台了……类似的经历好像每天都在上演，“失败”二字完美概括了你的人生。

没有对比就没有伤害。每天，都会有各种信息带给你挫败感：你羡慕着别人的生活，即使明知是对方的伪装，但他们光鲜的生活却像镜子似的反射到你身上，每一个角度都映衬着你的失败。压抑、愤怒、无能为力，这些精神毒素不断蚕食着作为“loser”的你奋斗的灵魂，吞噬着所剩无几的自尊。你夜不能寐，变得极其虚弱，极其敏感，眼神中充满怯懦。这种感觉无比沉重，足以让你一蹶不振。

接下来会发生什么故事？

《一个推销员之死》中的威利，年届不惑，辛勤工作，坚定不移地相信只要努力就能成功。结果他在遭受减薪、解雇、家庭破碎一系列打击后，撞向卡车，给家人换来一笔保险金。威利用死亡结束了自己失败的人生，他的人生是彻头彻尾的失败。

虽然有时你心里有时也会无助而惊恐：“我会不会遭遇失败？”实际上，即使你的失败次数很多，可是比起那些没有脚的人来说，起码还有“鞋子”穿。所以，只要你不因为失败而灰心丧气，一次又一次给自己打气，仍然可以重新振作起来。

福特汽车公司创始人亨利说，失败只是更聪明地重新开始的机会。如果最初没有成功，那就接着试一次、再试一次。失败并不糟糕，如果在失败的基础上加以正确对待，就能促成不一样的结果。

苹果公司早期发明了手持式计算机——Apple Newton（PDA），但这个充满想象力的项目被乔布斯叫停。对于开发团队的每位成员来说，这是一次重大失败。不过他们没有放弃这个项目，最终乔布斯重组了千人团队，重新定义项目，开发出了苹果手机。

由此看来，一个失败的降落是为了更大成功的崛起。

很多人认为失败是个人能力缺陷，试图不惜一切代价避免失败，结果却迎来更大的失败。美国高空钢索演员瓦伦达最后一场演出前一反常态，不停地说："这次太重要了，不能失败，绝不能失败。"以往每次表演前，瓦伦达只想着"走钢索"，并专心为此做准备，根本不去管其他的事情，更不会为"成功"或"失败"而担心。这唯一的一次担心，让瓦伦达不幸坠亡。

由此看来，一个失败的开始是纠结"不失败"。

失败心理学的基本原理如下：

认为自己的失败是检验出错误的选项，那你就是一个成功者。

在同一领域，如果认为只有自己是成功者，可以肯定你失败了。

想让所有的人都承认你是成功者，那么你永远是一个失败者。

如果认为身边的人都必须无条件支持你才能成功，那么你失败了。

如果正走在失败的边缘，不知何去何从的时候，不妨重新给自己的人生这样定义：

调动反事实思维思考问题。这是一种了不起的策略，它的核心不是让你假装自己没有失败，而是一种制止不良情绪向你进攻。假设被开除了，大可不必对老板感到愤怒，可以从积极方面思考：现在正是一个改善生活的机会，难走的都是上坡路，我可能要走上巅峰了！它会激发你下一次付诸行动，并且承担责任。

从忽略的事中找寻答案。细节决定一切，你是否忽略了一些细节，导致你没有走上正轨？你是否过于关注正面信息，而自动忽略了事情的负面影响？人类有时候会太过乐观，而且总是关注胜利多过于失败或过错。这是一件很糟糕的事，很多时候，我们必须知道自己错在哪、是什么细节导致了自己的失败，下一次才能避开这些错误。

你越害怕失败，失败就来得越快。你给自己规定“只能成功，不许失败”，听起来很励志，结果却因为缺乏达成目标所需的技能或心理压力招致失败。回避机制加深了失败者的愤怒，堵塞了大脑思考的通道，让一切努力顿时失灵。

在失败过后，你不仅要学会控制自己的悲伤，更要学着掌握从泥沼中抽身而出的能力。当然，失败并不是所有成功的必经之路，但不可否认，从失败中坚强走出的人再次面对事物的时候，拥有更清醒的认知，明确的方向，可以预防性规避错误，调整状况，这一切都是“失败”赋予你的宝贵经验，也是失败给你的最好奖赏：改善你管理负面信息的能力，铺平继续前行的道路。

5. 自卑是谁的错

自卑与自傲，像一个家庭的双生子。他们从出生开始就相伴成长，有时候会令人感到疑惑，分辨不清彼此。有人说，怎么会呢，自卑是一个人自我否定的极端情绪，自信则是积极向上的感情，二者根本是磁极的两端，彼此相斥。但事实上，不管你愿不愿意承认，自卑与自傲往往如影随形。

尽管村上春树已经成为世界文坛泰斗，内心深处的自卑感“海棠依旧”——“少年时代的我始终为此有些自卑，觉得在这个世界上自己可谓特殊存在，别人理直气壮地拥有的东西自己却没有”。这就是自卑的根源所在，也是导致压力和痛苦的由来。

曾经一个青年从北方小城考入北京的大学，他的故乡只有20多万人口，在他的概念里，小城里出来的人没见过什么世面，他怕说出来会让人瞧不起。上学的第一天，邻座的女同学问：“你从哪里来？”这个问题让他心中一紧，他觉得如果说出自己的故乡，一定会让大城市来的同学笑话。就因为这个看似再平常不过的问题，使他一个学期都不敢和同班的女同学说话。一个学期结束了，很多同班的女同学都不认识他。这种自卑的情绪长期困扰着他，以至于每次照相的时候，他都要戴上墨镜掩饰内心的恐慌。虽然凭借努力成为中央台主持人，自卑的压力也长时间缠绕着他。这个青年就是白岩松。

自卑是人类精神世界的敌人。在它的压力之下，你会将自己看得很低，超乎寻常的低。心理学大师阿德勒在《自卑与超越》一书中说：所有人或多或少地有自卑心理，甚至最骄傲的人都有某种自卑感，他们总会对自己某一部分感到不满。聪明的人怀疑自己没有魅力，漂亮的人担心自己没有能力，年轻人经常苦恼于金钱，年长者苦于职场上下不着的位置。如果这些痛苦得不到转化，就会给自己较低的评价，自卑油然而生，最终导致行为方式出现偏差。比如：

一对外界异常敏感，不能忍受一丁点负面的批评或者攻击，情绪化严重，很容易被激怒。

—采取逃避伤痛、麻痹自我，例如酗酒、吸毒、自残、自戕、自杀等消极方式对待。

—丧失自我价值体验，导致心态失衡，从而为自己和社会带来危险隐患。

—影响社会适应能力，不善于自我表现和孤独的自我封闭，产生“晕轮效应”，即以偏概全、以点概面，人们只看到自己的不足，而忽视了自己的优点，这样就形成消极的自我评价的恶性循环。

在工作场合，自卑带来的压力会给我们的未来设置障碍。自卑感强烈的人，心理脆弱，经受不起挫折，适应力差，性格抑郁沉闷，遇事总认为自己不能胜任，导致裹足不前。而这种无所成就的状态则“印证”了自己的“无能”，反过来加深自卑感，使聪明才智无法发挥，限制工作进步。因此，如果你心理上有自卑因素，不要讳疾忌医，要学着勇敢面对，然后战胜它。

自卑能摧毁一个人，也能成就人。人道主义者威特·波库指出，在每个人的内心深处都有一种灵性，凭借这一灵性，人们得以完成许多丰功伟业。

战胜自卑的途径有很多，你可以尝试依靠这些方法：

正确认识自己，提高自我评价。在与他人比较时，自卑的人会拿自己的短处与别人的长处作比较。这种比较当然是不公平的，因此，经常肯定自己的长处和付出的努力是战胜自卑心理的第一步。

明确目标。你要的人生不是打败别人，而是完成自己的目标。因此要记住两点：第一，不要总是把自己跟其他人放在一起比较；第二，取得成功时一定要放大成功体验作为自我激励，而受挫时不要长时间陷入消沉情绪。

健全心理防御机制。自卑的人自我评价认知系统多数比较偏低，因此，要战胜自卑就要反其道而行之：遭受挫折与失败的时候，不怨天尤人，也不轻视自我，要客观地分析环境与自身条件，这样才可以找到心理平衡。

多表现，多与其他人交往。自信的建立需要一个过程，我们可以通过在人群中积极表现来得到关注和认可，而来自他人的关注和认可有助于提高自信心，让自己更加优秀，从而克服自卑。

每个人都有梦想，所以英雄电影才长盛不衰。因为自卑，你无法拼凑自己的人生，而是躲在沉重的蜗牛壳里，不敢说、不敢做，不敢去争取想得到的东西。慢慢地，你会变得懦弱、紧张、微不足道，变成电影里永远是炮灰的路人甲。现在，想想你还没有实现的梦想，你要大声地告诉自己“我很强大”，声音越大，内心的自卑力量也就会越微弱。

6. 矛盾：天使还是魔鬼？

矛盾是一种压力源。它由两种或更多的冲突动机或者行为冲动出现竞争而产生，让人深陷其中无法自拔。

试想一下，你曾遇到过多少次这样的局面：要在多个选项中做一次艰难选择或在不满意的现实中迫于无奈选择一个……其实，人生最大的矛盾是你要自己做决定，还是让别人帮你做决定，你想过自己的生活，还是过别人期待的生活。

矛盾的模式通常有三种：

双趋模式：在两个或多个具有吸引力的选择中做出抉择。这种模式的一个典型例子就是不得不在两份有前途的工作中做出选择，或者在两个条件都不错的追求者中挑选一个，尽管你可能对两个都很心仪。

双避模式：两个或多个不想要的结果同时出现时必须从中接受一个。比如你需要在失业和接受一份你不喜欢的工作中做出选择，而这两者都令你感到不快。

趋避模式：是指必须在两个或多个相关的目标中做出选择，而每一个目标既有吸引人的地方，也有不令人喜欢的因素。比如领导给你调换了一个很有发展前景的工作，可是这份工作需要经常加班，连周末都无法正常休息，这让你感到烦恼。

用几分钟时间考虑一下你最近遇到什么让你犹豫不决的事情，这些事情应该怎样归类，那些充满矛盾的方面对你造成了怎样的影响。事实上，矛盾的本质是犹豫不决的心理。

举个例子，在上班的时候恰巧和总经理同乘电梯。电梯里人比较多，你站在角落里，这时候，到底是越过人墙高声打招呼呢，还是假装没看见？你犹豫了一下，这时候要下电梯了，你恰巧和总经理一起出去，他瞥了你一眼，没有说话。你心想，坏了，领导是不是认出我来了，他会不会因此给我小鞋穿……诸如此类，进而联想到工作业绩，以前犯的错误，等等，这种由矛盾心理导致犹豫最终变成施加在自己身上的压力的情况，对身体健康可不是好事！然而生活中这种情况简直太常见了，几乎人人都遇到过。

犹豫给人充分的思考时间，以做出最符合心理需求的活动，但同时也往往在充满矛盾的犹豫不决中随波逐流，失掉宝贵的机会。

张奕想获得财务自由，他决定做一些事情来改变现在每日奔波为饱暖的生活。他想到了很多方法提升自己，比如报会计班，考注册会计师，但是距离考试时间很近了，很可能白交报名费辅导费；他想自学法律，做律师来改善生活，可是律师证考试太严格了，没什么信心；他想在职读研，可是那样的研究生毕业证好像很多大企业并不认可，不能达到找份好工作改善生活的目的；投资房地产？还是别逗了，自己每个月还在为房贷发愁……

张奕并不确定他想要做什么，于是他抽时间研究了一下。结果，他发现每条路好像都很困难——如果选择了其中一条，那现在的还算舒服的生活就泡汤了！张奕陷于无法下定决心的犹豫不决中，他感到非常矛盾，因为他极不愿意放弃安逸的生活也不愿意继续贫穷。最后，他因为迷茫和泄气而失败了，生活什么也没改变，只不过平添了一份愁绪和压力。

倘若张奕为了自己的未来而选定一个目标，电子工程研究生，他的生活可能发生什么变化?

报考知名学校研究生考试，没日没夜地学习备考，最终获得高分；

成绩优异，获取推荐信；

被相当不错的企业或研究所聘请；

继续在某个方向努力，成为高级工程师；

走向财务自由。

分解目标，其实比给自己设立一个非常宏大的目标更容易实现，而且也更加容易取得令人满意的结果。你在面对某件事情感到非常矛盾或者犹豫不决的时候，不妨采用回溯法，对结果进行反向分解推理，看清每一个小步骤将如何进行，这样你就会变得更加理智。

第二章

人生路上不只有压力，还有风景

生活充满挑战，但沿途都是风景。每一天，在努力中寻找，在计较中失去，时间就在得失之间反复纠结，如水而逝。其实，人生的快乐与否，并不是完全由肩上的压力决定。重要的是，是否有选择喜悦的能力和勇气：保持自我，不去勉强扮演谁，不去期待高代价的改变，让压力变成可以随心所欲塑造的形状。只要心中有景，处处皆是花香。

1. 来自未知世界的恐惧

如果你总是对明天的到来惴惴不安，内心挣扎着担忧黎明的到来；如果你时不时感到不是希望而是抵抗，一万个不情愿去上班或是进行今天本来计划好的事情，说明你对未来产生了恐惧。这种恐惧来源于对未知压力的抵抗和害怕犯错后的未知境遇，畏惧面对总是不满意的人生，寻找逃避的理由。

没有谁不愿走向成功。但成功绝不是来自于安静地等待，而是积极争取，而你之所以一事无成，绝不是机遇不来光顾，更可能的情况是，你打着渴望成功的旗号，重复每天失败的游戏，机遇到来时你恐惧失败，主动放弃了看起来更好的未来。

美国心理学家马斯洛称这种用逃避来降低压力，渴望成长又拒绝成长的心理为“约拿情结”。

约拿是《圣经》中的人物，上帝要约拿去赦免尼尼微城人的罪行，这本是一项崇高的使命和很高的荣誉，也是约拿平素所向往的，可一旦理想成为现实，又感到一种畏惧，觉得自己不行，想回避即将到来的成功，想推却突然降临的荣誉。

马斯洛在给他的研究生上课的时候，曾向他们提出过如下的问题：“你们班上谁希望写出美国最伟大的小说？”“谁渴望成为一位圣人？”“谁将成为伟大的领导者？”等等。根据马斯洛的观察和记录，正常情况下，大家的反应都是笑，被说中心事的人脸上有种被人窥视后的不安。马斯洛又问：“你们正在悄悄计划写一本伟大的心理学著作吗？”他们通常也都红着脸、结结巴巴地搪塞过去。马斯洛还问：“你难道不打算成为心理学家吗？”有人小声地回答说：“当然想啦。”马斯洛说：“那么，你是想成为一位沉默寡言、谨小慎微的心理学家吗？那有什么好处？那并不是一条通向自我实现的理想途径。”

马洛斯说，人们存在着一种“健康无意识”的心理机制，也就是说人们不仅压制自己危险的、可怕的、可憎的冲动，也常常压制美好而崇高的冲动。

在面对自己时会表现为：逃避成长、执迷不悟、拒绝承担伟大的使命。

在面对他人时会表现为：如果别人表现出优秀之处，便会嫉妒；如果别人受到了祝福，他会心里难受；如果别人倒了霉，他会幸灾乐祸。

这种情结导致人们不敢去做自己能做得很好的事，甚至逃避发掘自己的潜力。在日常生活中这种行为表现为：缺少上进心。这种对成长的恐惧，也称之“伪愚”。

约拿情结正是阻碍自我实现的心理障碍因素之一：抑制自己的追求。

很多人都是这样的心态。你渴望成功，渴望着职场上风生水起八面玲珑，而一旦重要任务砸到头顶的时候，你开始左右为难：冲上去，你能收获渴望已久的成功滋味；退下来，至多是得不到荣誉，但没有任何损失。这时候，“约拿情结”就会出来作祟，你在纠结许久之后，毅然放弃了机会，甩开恐惧，抛弃未知的压力，回归平庸。你努力避开可能出现的低谷，也成功躲避了人生可能的高峰。

“约拿情结”发展到极致，就是一直告诉自己“我不行”“我做不到”，然后走向自毁。如果周围环境没有提供足够的安全感的话，所有机会都是白给。

毫无疑问，“约拿情结”是平衡内心压力的一种表现。

在人类社会中，谦虚通常被很多国家认为是一种美德，所以，大家都喜欢“低调”的言论和行动。而人们的本性又都有追求成长渴望成功和自我实现的内心冲动，在此冲动的作用下，人们为了自己的目标或理想而努力奋斗，人们都希望表现出自己优秀的一面，希望得到认可，但在“谦虚”的压制下，大多数人必须像变色龙一样生存，隐藏自己的真实情感，以防冒犯别人和遭到众人的敌视，其实，这些人内心承受着巨大的压力，对他们而言，表面上自己看上去像冰，实际上内心热情似火。在这种情况下，只有少数人能够打破平衡，认识并克服自己的“约拿情结”，勇于承担责任和压力，最终抓住并获得成功的机会。

与压力抗争的最高境界是从不害怕失败。成功需要你忘记欲望和恐惧，努力去经历自己的人生而不是设计人生；不畏惧成功，也不畏惧失败，不畏惧自己必须去做的、不去揣测这个世界。

2. 贫穷的原罪与力量

贫穷是一种什么概念？在这个时代，贫穷已不是一种普遍现象，但穷人思维却存在于很多社会群体中。所谓贫穷思维，即人与金钱的关系，用一句经典的话阐释：穷人永远被金钱驱使，而有钱人则可以驱使金钱。

Mino从事社会帮助工作。这天，一位苦着脸的年轻女人来寻求帮助。她对Mino说，自己现在已经无家可归了，凶狠的上司把自己炒了鱿鱼，兜里没钱了，房租交不起，最后被赶了出来！她不知道该怎么办。

Mino听完，真替她发愁，建议说：你看看报纸，能不能找到别的房子呢？女人说：不行，我没多少钱。Mino又问：我帮你联系下青年旅馆吧。女人沮丧地摇头。Mino告诉她，你的当务之急是找份工作，然后才能自信地租房子，我们看看网络和报纸上有什么你能做的事情……女人快要哭了："没用的。我之前也试过寻找工作，可是没一家录取我。即使有工作了，我也很可能不适应，做不到月底，很可能拿不到工资，那样的话，还租什么房子？"

Mino在想办法，但是女人似乎陷入了没有房子，没法工作，而工作了又会被辞退，再次流离失所这个怪圈。

最后，女人伤心地离开了。Mino感到抓狂，这到底是怎么回事！

女人在失去金钱的时候，也失去了对生活的希望。她变得小心翼翼、神经质，习惯把事情的负面影响无限放大。假如女人钱包鼓鼓，财务自由，她还会有如此多的顾虑和压力吗？当然不会。

金钱所造成的心理状态和压力成正比关系——越认为自己贫穷，感受到的压力就越大，越难以有所作为。在贫穷中，人们一心一意追逐金钱，而忽视了更有价值的因素，造成沉重的心理负担和无边无际的焦虑：当为了生活基本需求精打细算时，所有的心思都用在过日子上了，怎么可能去听一场高雅的音乐会，又如何进修提升自我的课程呢？于是，你的圈子会变得越来越狭窄，走向进一步的失败。

当然，这只是一般现象而非规律（英雄不论出身，历史上从贫穷走向伟大的人实在太多了，而纨绔子弟不学无术的也比比皆是）。而在这里，我们重点要讨论的是：贫穷，到底如何向人们施压，又是如何为人们的成功助一臂之力？

富兰克林说，贫穷本身并不可怕，可怕的是自己以为命中注定贫穷或一定老死于贫穷的思想。

贫穷的人缺乏幸福感。幸福与物质有关，虽然不是绝对，但物质起到了重要作用。贫穷带来的压力和焦虑感导致压力荷尔蒙——皮质醇的含量也比经济状况好的人更高，因此，贫穷的人更容易抑郁。

贫穷严重影响尊严。研究显示，贫穷对孩子造成的压力在成年后更为明显。自卑是经济状况较差家庭的孩子们的通病，即使长大后，贫穷的经历也会让他们对世界充满警惕。

贫穷让人失去健康、勇气。处于金钱困境中的人，会经受更多医疗的压力，会感受更多缺失的痛苦，会更加没有安全感，有些人成年后即使生活富裕，也会不停地储蓄以备不时之需。

米兰·昆德拉在《不能承受的生命之轻》中有这样一句

话：最沉重的负担同时也成了最强盛的生命力的影像。负担越重，我们就越真切实在。

也就是说，贫穷才是产生压力的最主要原因，对于大多数普通人来说，理想和情怀在贫穷面前，是令人遗憾的。想要凭借自己的薪水改善普通人的生活，在大城市买房子，提高购物档次，开高档汽车，显然是有困难的。当对生活的要求提高，它又与清贫的理想冲突时，很多人会毫不犹豫地选择生活。

对，这就是生活的本来面目。你可以不过分追求或者盲目崇拜金钱，但必须努力“脱贫”，否则在贫瘠的物质基础的土地上播种出来的“理想”肯定不会丰满。要想获得不一样的结果，首先就必须改变自己的一些特质，对自己有一个客观清醒的认识，然后去做一些积累，一段时间后就会出现一个小的爆发，小爆发几次之后出现大的爆发，甚至如果能赶上时代的风口，得到的机会可能会更大。

其实，贫穷思维是可以规避、转换的，而贫穷所带来的压力也会激发人类抗争的本能，引导人们走出黑暗，进入光明。

改变稀缺状态。稀缺心理会导致人的思维和行为方式发生改变。这种思维方法从孩童时代便可以影响，甚至是塑造你的性格。比如，女孩子从小没有新衣、新书包，有了购买能力后便会补偿这部分缺失。缺乏的东西就会在潜意识里转变你的思维方式。

强调执行控制力。职场上你会看到，天天把换工作、辞职挂在嘴边的人，往往不会真正辞职，因为他们很难通过高效的计划及执行来改变现状，不得不屈从能保证生活需要的现实。

争取可支配的多余资源。领导布置了一项需要两天完成的工作，而给你的任务时间是一周，这时你所感到的压力就会变少。所以在领导布置工作时，或者申请一个项目时，要充分考虑到时间问题，不要把自己逼得太紧。当然，如果不能改变时限，那么还有一个减轻压力的方法：拥有较高的技术能力。会者不难，只需要3天就能完成，但领导却给了你一周的时间期限时，你就不必承受那么大的压力。

改变穷人思维。穷人思维是自己得不到，别人也休想得到；富人思维是，失败之后尊重对手，总结经验，与成功者合作。该怎样调整，自然也就不需要我们细说了。

保持富有心态。如果不是严重到威胁生活，最好保持心态的富有。把自己从各种欲望中解脱出来，摆脱贫穷心理的桎梏，你会发现人生逐渐出现上升的转机。

倾听内心的声音。热爱是成功的基础。别再强迫自己为了金钱放弃充满创意的大脑了。要知道，创造才是财富之源。

存在即是合理，所以贫穷的存在也是有其自身价值的。但对于你来说，贫穷不是堕落的借口，不和疲于奔命构成必然的因果关系。改变贫穷思维，需要充足的动力，更需要创造和表达，请尽情释放自我效能，贫穷将不再对你有支配力量。

3. 你完美了也有人不喜欢你

这世界上最引人注目的有两种人。一种人随时随地在秀“我就是我，是不一样的烟火”；另一种人将“被接纳”作为最高理想，为之不懈努力。虽然看上去两种人都是励志的典范，但实际上，无论是特立独行的展示还是刻意追求，潜意识中都存在一种将自己包装成“完美自我”，以求得到他人羡慕的心理。

适度追求完美，是一种自信乐观的态度，对人生能够起到积极作用。然而，在无论何时何地都追求“极致”的时候，也会在无形之中放弃很多东西。正如史蒂芬·霍金所说的：“宇宙最基本的规则之一就是没有什么是完美的。完美是根本不存在的。”如果你一定要纠结完美，那么就是在跟自己过不去。

你是否是完美主义者或者有完美主义倾向？请完成以下

问题。

你是否在工作的时候被别人打扰会感到愤怒？

你是否喜欢独自一人逛商场？

你是否会持续讨厌某个人？

你是否能把一件事情坚持做下来，即使遭遇波折也义无反顾？

你是否经常对自己或他人感到不满？

你是否经常顾及别人的需求，而放弃自己的想法？

你是否经常认为干任何事都是全力以赴的，却又常常希望你自己能够再轻松些？

你是否总是不放心别人做的事，喜欢事事亲力亲为？

如果答案有五个以上是肯定的，那么你的完美主义倾向相当严重。完美主义者的最大特点是追求完美，而世上本没有十全十美的事情，所以追求完美就必须忍受矛盾和纠结的痛苦。当你想要一个完美的结果，会激情澎湃地投入全部去改善它们。但在做事过程中，你会发现不完美此起彼伏，于是你的热情也被这个过程消磨殆尽，最终希望落空，主动放弃。

追求完美形象容易，难的是一辈子追求完美，并且成功。

对于完美主义者来说，一旦出现不完美，不被认可的结果，就会感受挫折和失败的痛苦，并且把细小的问题放大而对生活愤愤不平。完美主义者对于他人给自己的评价有着惊人的警惕，当别人给予称赞的时候，你觉得是应得的，而当别人质疑的时候，就会非常慌张，陷入很严重的焦虑当中。

完美主义者在做任何事情之前都会做大量准备工作，保证万无一失。当自己已经“准备万全”的事情被打乱的时候，就会非常愤怒。

完美主义者在职场上是他人提防的对象。因为不允许自己失败，所以大多时候能在做出大量准备的前提下收获想得到的结果，但与此同时，也容易招致嫉妒不满。

完美主义者苛求的“完美”，看上去虽然很高大上，然而可行性却不高：一，你不能让所有人都满意；二，你会因此产生心理问题——完美主义是许多压力的根源，它极易把促使进步的动力，变成自我惩罚的凶手。

试想一下，你是否总是隐藏自己真实的想法，奉献出自己的财物去取悦他人？你待人友善，慷慨大方，不忍心拒绝？你是否总想凭一己之力把事情做到最好，而不想麻烦别人或者与别人合作？一旦失败，你就会把所有责任归结到自己身上，陷入痛苦？但实际上，你对自己在别人眼中的形象如此在意却并不能让你成为领袖。相反，即使你完美了也总有人在背后诋毁你，而过度取悦他人，则会给你造成强大的压力，影响正常的工作和生活。

拒绝完美主义，是因为完美主义者凡事苛求完美，不容许自己有差错，当自己做得正确时，就会觉得这是应该的，而一旦出现了错误便会觉得不应该，进而出现比其他人更多的自责和焦虑。完美主义者通常会有着极强的绝对化要求的信念，且拥有非常强烈的占有欲。这种不合逻辑的绝对化，常会使人们思想扭曲（比如不能正确地评估事件及其影响），而且往往目的性越强，就越不易成功，因为过大的压力有可能造成人们发挥失常。

凡事追求完美，是一种明显的“自我强迫症”，而在追求完美的过程中会因此付出很大代价。比如，你以高标准要求自己，做事追求完美，事后反复检验，苛求细节，因此对自己过于苛刻，过于谨慎。你本人也未必觉得这样做好过，可能常常为此焦虑、紧张和苦恼。针对这种心理，你要尝试改变自我管控：你应该认识到，工作要张弛有度，思维再开阔些，性格再开朗些，一些追求不到的东西要学会放弃。如果难以做到这些，可及时求教于心理医生获得他们的帮助。

为了根除脑海中的完美主义思想，你还要冲破自我束缚。

每天花一分钟的时间想想以下问题："我在某件事上能做到何种程度，为什么要特别在意别人的感受，为了让别人满意，我投入了多少时间和精力？值得吗？"

在准备进入让你充满斗志，也充满压力的场所之前，告诉自己，一个人的付出和获得大致是相等的，而且我将尽最大努力不辜负这宝贵的一天，无论结果如何。

每天主动询问自己的需求是什么，如果你注意到自己的情绪开始紧张，可以将它视为一种信号——这意味着你对自己的需求不够重视。

让自己有一种接纳性的信念，即将自己的意识强加于意识中，执意坚持某种去获得自我欲望的满足，让自己的心情终处于一种安详而平静的状态。

4. 朋友是感情纽带，而不是上吊的绳索

没有任何人可以孤独地生活。一位哲人说过："人生的旅程是在朋友的扶持下走完的。"朋友，对于任何人来说都是一双有力的手，一根坚硬的拐杖，一棵挡风避雨的大树。当你承受着巨大的压力时，朋友的安慰和帮助能让你逃出生天；当你欢欣雀跃的时候，朋友的见证能让你的成功更加光彩夺目。

朋友的作用如此重大，很多人便心甘情愿地为朋友两肋插刀，当然也有很多人习惯接受朋友的慨然馈赠，却吝啬施予帮助，最后孑然一身。这两种情况如果发展到极致，对自己的人生将会产生很大的压力。

再比如，朋友有时候也会成为痛苦的源泉，因为朋友之间更容易产生比较。试想，和你本来相处在同一起跑线的人，在拼搏几年之后突然飞黄腾达，开豪车、住大房子，社交圈完全

不同了，消费水平也拉开一个很大的差距……如果朋友的关系走到这一步，那么你们的交情基本也就到头了。再比如：借钱。如果你想毁掉一段友情，向朋友借钱不还就可以了。

那么是不是严格地保持距离，就能够收获很多朋友呢？答案是否定的，因为对谁都小心翼翼，客客气气，意味着他想和你保持距离，这样的做法任何人都会感到窒息。比如，你邀请朋友来家里做客。朋友小A非常活泼，一会儿问问你家这个摆件多少钱买的，一会儿说茶叶不错给我拿点……朋友小B正好相反，他十分拘谨，坐在沙发里一动不动，请他喝茶，他赶忙说不渴；拿来点心，他只点头却不肯吃；请他到书房看看，他坐在那里为难半天，才勉强从沙发上起来。想象一下，你下回还敢不敢请小B来家里玩？相信他的疏离客气给你的体验是不愉快的。

总结一下，容易给人造成压力的朋友关系有如下几种：

年轻有为的朋友。一般而言，同一起跑线上的人更容易成为朋友，但当你身边的人在二三十岁就成为职场精英，他们给你造成的压力是非常强大的——你会认为自己非常无能。

退一步海阔天空，静静欣赏朋友的成就，而不是嫉妒，并因此产生浓浓的自我价值保护动机。放弃有时候会有意外的收获。

爱谈论是非的朋友。不在背后对朋友的作为飞短流长。一旦对方知道你的“小动作”，免不了对你抱怨甚至同你发生争吵。这样，你失去的不只是朋友，还有他人的信任。

一管住嘴巴，有原则地保持距离。

爱跟你比较的朋友。人的痛苦经常是自找的，生活本身不复杂，复杂主要来自于比较。有的人为了面子而强迫自己，失去了许多乐趣，把自己却变成了一个焦虑不断的人。

一活在与他人的比较里是最愚蠢的做法。只有正确看待自己，承认自己的价值，才能让自己的生活越来越悠长、隽永。

“老好人”式的朋友。过分客气让人无法感受到对方的真实和真诚，所以让人对其敬而远之。

一穿着盔甲的人，很难获得拥抱。放下你的固执，向朋友敞开心扉，让对方感受到你的真心实意。

朋友是人生一道美丽的风景。而拥有真心亲密的朋友，则是人世间最幸福的感觉。朋友存在的价值并不是为了让你感受压力，鞭策你不顾一切向前，而是告诉你，人生究竟有多美。

5. 对爱情执着也未必能得到

爱情的遇见，是缘分的注定。很多人认为爱情的发生是命运的必然，是命中注定，所以必须遵从内心的声音，对爱情矢志不渝，不管对方是否对你有意，都用尽聪明才智让爱情进行下去。于是，你在日有所思，夜不能寐，除了努力追求爱情之外根本没有心智再考虑其他，你的压力一天比一天大，生活也变得无序而糟糕。可见，对爱情付出最多的人，一定是承受压力最大的。

在爱情中，你掉入了什么样的“心理陷阱”？请对号入座。

吊桥效应：当人在吊桥上心惊胆战时，突然看到异性，会很快产生“同生共死，命中注定”的心理感受，两人相爱的几率大大提高。

契可尼效应：心理学家契可尼试验发现，人对已完成了的、已有结果的事情极易忘怀，而对中断了的、未完成的、未达目标的事情却总是记忆犹新。这就是你与对方总是藕断丝连，拿现在的爱人与之前进行对比的原因。

俄狄浦斯情结：自我毁灭式的恋母情结。

黑暗效应：在光线比较暗的场所，约会双方彼此看不清对方表情，就很容易减少戒备，进而彼此产生好感。心理学家将这种现象称之为“黑暗效应”。

首因效应：异性之间第一次见面是否“来电”决定今后的人生轨迹。

古烈治效应——男人的见异思迁倾向称为“古烈治效应”。这一效应是哺乳动物的天性，绝不是人类特有。

多看效应：“越看越喜欢”是多看效应的表现。也就是说，看的次数增加了喜欢的程度。

爱情，是人类最美好的体验，也是对人心理的艰苦试炼。在爱情中，你可以在一天之中体快乐与苦涩，心情极容易陷入大喜大悲的起伏中。从客观角度评价爱情，若你被激发出强大潜能，则爱情是促使成长的伟大力量；若爱情的失败让人一蹶不振，那爱情就是一种艰辛的挫折。抵抗失败的能量，完全取决于一个人爱情压弹的能力。

爱情压弹指一个人面对爱情逆境时的适应能力、反弹能力，包括了对爱情负面情绪体验的正面评估和有效应对，起到激发潜能、振奋情绪，增进健康的作用。

“压弹”理论，是指人对压力的正确评估和迅速反应。它是保持心理恢复和心理健康的有效方式，也就是个人应激反应和应对策略选择的技巧。面对生活压力，关键意识让人选择最利于自身的压弹方法。

人的情感能量是守恒的。当一个人深陷爱情负面情绪中，一种态度是彻底地自暴自弃，另一种态度是坚决把绝望、痛苦、妒忌等不良情绪杀死在襁褓中，奋起抗争，转移注意力进，自我升华。在这当中，爱情压弹的作用在于使人将情感能量做正向引导，而失恋则是严重的被否定的感受。

失恋不等于失败，被拒绝也不等同于自身价值被否定——归根到底，你的价值又何必要另一个人来评价？最重要的是你是否清楚自己的人生定位和目标，是否懂得从经历过的所有亲密关系中总结和完善自己。

为什么失恋会如此伤人？刚刚分手的人往往会经历一种心理

学上叫作“强迫性思考”的阶段。这个阶段的主要表现有，持续不断地回想起和前任在一起的场景，想着对方的一颦一笑，回忆着常去约会的公园、饭店等。这个过程会不断循环：有时候你感觉能够控制住自己的情绪和思想，有时候又不由自主地被分手的负面情绪所淹没，只想用一些不理智的事情来麻痹自己。

弗洛伊德是精神分析学的创始人，但是他也曾品尝过爱情的苦果。他暗恋一位少女，但少女已有了未婚夫，最终，弗洛伊德忍受着仰慕的痛苦和少女姐姐结了婚。凡尔纳说，要想从失恋的痛苦中走出来，最好的办法是爱上另一个人。虽然弗洛伊德也试图这样做，但他没有成功。日复一日，年复一年，弗洛伊德对暗恋少女的爱与日俱增。在少女经历一系列创伤之后，最终，她终于明了了弗洛伊德的爱。随后，两人私奔。

故事到这里并没有结束，王子和公主也没有“从此过上幸福快乐的生活”。弗洛伊德在享受了短暂的幸福后，发现对妻子、对家庭的愧疚大于自己正在享受的爱情。二人商量之后分手了，回归家庭的弗洛伊德将全部精力投入到精神分析学领域中去，写出了传世巨作，最终成为精神分析学之父。

怎样及时有效地调整这爱情的痛苦，可以尝试如下方法：

自我安慰。失恋了以后要学会自我安慰，不要给自己太大的压力。告诉自己并不是因为自己不好才导致失恋，而是对方没有眼光，没有福气，是对方的过错，他将来一定会为此而后悔的。

客观评估爱情。多想想两个人矛盾的地方，告诉自己也许两个人在一起真的不合适，如果等到将来两人真的走到一起后才发现不合适就已经太晚了，所以也许在恋爱的时候分手是件好的事情。

合理宣泄。压力总要发散出来，可以找自己的朋友倾诉，获得他们的劝导和安慰，以使自己逐渐把事情想通，或者找没有人的时候大哭一场，发泄自己所有的委屈。记得一定不要把所有的委屈都放在心里，这样会造成严重的抑郁，甚至导致精神崩溃。

情绪转移。将自己的精力尽量地分散开来，多读书、听歌，参加一些活动。总之，要把自己的精力转移到其他事情上去，多工作、学习，争取在其他方面证明自己是强者，让自己忘却失恋的痛苦。

爱情有时候很伤人，但值得庆幸的是，时间是让所有伤痛复原的决定性力量——给自己一段时间，再审视自己的感情，你会看到不一样的结果。

6. 身体是如何积压出疾病的

当今社会，由于人们经常要面对工作与生活上很多繁琐的事情，所以很容易导致心理出现烦躁与压力的现象。要知道，心理压力不仅会影响到一个人的言行举止，更是会影响到一个人的身体健康状况。如果你的心理长期存在压力而又无从释放的话，那么疾病将会毫不犹豫地找上你。

不知道大家有没有这样的感觉，当压力非常大的时候，情绪也一直都很低落，这时候就很容易患上感冒或者神经性失眠等。这就是为什么说压力会对人体的免疫系统造成影响，因此，如果你不想得病，那么就应该学会释放自己的压力。

人一生60%~90%的疾病都是由压力导致的，炎症、心脏病、哮喘，甚至癌症等也都与压力有关，因此，我们必须对自身的压力情况保持警醒。

一般来说，压力过大有7个表现：

血压高或低。为了工作，你要经常加班，睡眠不足时，身体和心理双重压力导致血压升高。与此同时，如果工作重复琐碎，情绪低落，又会造成血压低，头疼、眩晕等不适。

溃疡、磨牙。在压力反应中，B族维生素消耗加快，缺乏B6会导致口腔溃疡，缺少维生素B5则会增强大脑紧张，出现夜间磨牙情况。

免疫功能降低，肠胃疾病频发。人体在受到压力（焦虑、抑郁、失望、愤怒……）之后，需要镁来平复肌肉和大脑。当镁元素消耗过量后就会导致敏感的消化道肌肉痉挛。

心脑血管疾病。巨大的压力促使体内皮下脂肪的大量、快速调动，以保证供应量，这种看似正常的生理自我反应，却很容易引起血脂水平的急速改变，而血脂的不稳定正是引发心脑血管疾病的重要诱因之一。

精神系统紊乱。压力是损害人们的精神系统的利刃，你在压力下紧张、难过、疲惫，由此引发头痛、失眠、多梦等不良反应，如果不马上调整，精神疾病离你就不远了。

早衰。对于女性来说，衰老是最可怕的，你是否知道，压力也可能会导致你的过早衰老呢？压力过大的时候，就会导致气血不足，体内激素水平下降，于是衰老和疾病也蜂拥而来。

尽管都知道压力对人体造成的伤害是致命的，但没有人能生活在毫无压力的真空地带。就像有人的地方就有江湖，有江湖必然压力重重。卡耐基告诉你，尽量在舒适的情况下工作，因为身体的紧张会制造肩痛和精神疲劳。但绝大多数情况下，你的生存环境不乐观，就会经常陷入身体不适——精神紧张——疾病加重——抵触工作的恶性循环，无法自拔。

在压力的强大作用下，首先受到重创的是精神，随后会出现一系列疾病，而精神的力量也有强大的反作用力。自由作家霖霖有一次接了一个工作，帮朋友完成部分剧本，但是她对这个题材真的不熟悉，尽管查阅了大量资料，每天冥思苦想，仍然写不出。很快霖霖发现自己开始掉发、经常感冒、鼻炎发作，她想也许是太累了。正在这时朋友忽然通知她，这个剧本放弃了，可以不用写了，霖霖一下子兴奋起来，当天就收拾了一下约朋友逛街去了。至于感冒、脱发等症状，在她没留心的时候就已经全部消失了。

关于精神压力与身体的关系，尼采曾举过这样一个例子：

冬天，一位俄国士兵与同伴失散后，陷入绝境。这个士兵筋疲力尽，缺少食物，在极度寒冷的环境下眼看就要失去生命。但是，这名士兵并没有绝望，而是采取了一种罕见的做法：他钻进雪堆，不听、不想、不看外边的事物，任何声响都对他毫无作用。几天之后，一个搜寻小队赶到，绝无生存可能的士兵得救了，尽管当时已经奄奄一息。尼采说这个故事并不是为了让我们见证生命的奇迹，而是试图说明，在生命面临巨大威胁的情况下，身体会做出自我保护的强烈反应。士兵封闭自己的五感，最大程度减少新陈代谢，进入一种近乎冬眠的状态，从而使身体的各个器官“活”了下来。

压力带来的精神力量，对身体的改变是重大的。如果你在一段时间里身心能量较低、免疫力大幅下降，你应该注意身体发出的警报，此时你需要做的不仅有积极治疗，还需要调节精神状态，以及改变你的压力模式。

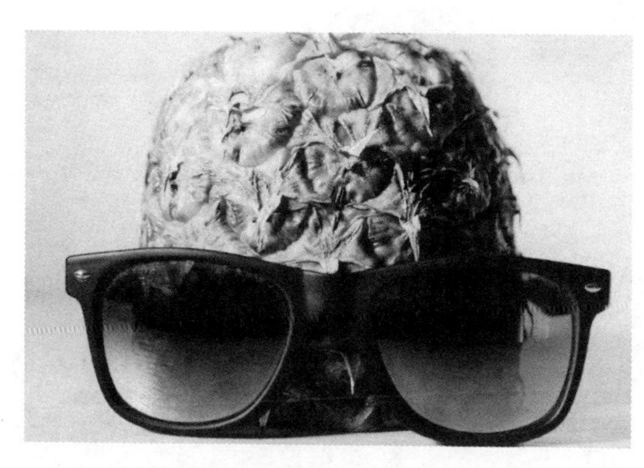

第三章

身处困境时的大脑急转弯

没有受过磨炼的人生，是淡白如水的；没有压力的人生，是无趣和空虚的。人不可能生活在真空世界，所以你感受着真实的痛苦，也有改变处境的执念，也正因如此，在身处困境时才能迸发出伟大的创造力，才塑造、锻炼了你的品格，增长了智慧。在漫长的人生中，困境给你陷阱，却也让你认识到人生的结果和努力争取的价值和意义。它在为你提供一次走向成功的契机，帮助你走向人生的成功。

1. 穿越时空的职场压力

职场压力巨大。为了房子、票子、老人、孩子，职场人使出了全身解数，有很多人甚至透支身体健康，就为博得在公司的一席之地，走向“丰收”。

看看你都是怎么做的：家就像旅馆，公司才是你真正的根据地。你一天的十几个小时都在这里工作。写不完的文件、打不完的电话、同事间的摩擦、无限期的加班、永远跑题的会议、各种明争暗斗和流言……这几乎是所有职场人的日常工作片段，而这些司空见惯都产生于这样一个过程：不习惯——惊讶惯——愤怒惯——抗争惯——失败惯——激励自我惯——紧张惯——忍耐惯——习惯。从心理状况的不断转变上看来，你似乎是获得了胜利——适应了；但是，从各种不良情绪的积压到准备挑战更多的工作，这其中消耗掉的是大量心力。不易察觉的职场压力让你的免疫力断层式下降，疾病缠身的几率则大幅提升：失眠、焦躁、忧虑、心悸、易怒、抑郁，对工作和人生产生的厌倦情绪，种种迹象表明，你的职场压力临近崩溃点。

来看看，梦境中应对现实的职场压力是如何表达的。

梦回考场：做这类梦暗示自我要求高，期待更高层次的冲刺，但实际情况却事与愿违，即晋升压力让你步履维艰。

梦见跋山涉水：工作不顺利，充满未知和不可控的因素，就会容易梦到爬山，身心疲惫却无法到达山顶。

梦见故乡：频繁梦见家人好友且梦境伤感的话，多反映的是正处于紧张的人际关系或紧张的工作环境之中，潜意识中你希望回到单纯舒适的人际关系中。

梦见光怪陆离的事情：压力越大，梦境的夸张程度就越大。凶杀、抢劫，或者一些神鬼异象出现在梦中时，就需要提高警惕了，这意味着你的压力已经到临界边缘了。

这些梦境只是压力在潜意识中表现出的一部分，它们是“危机入侵”的信号。你现在需要做的，是正视最坏的事情，然后想方设法促使其向好的方面进行转化。

玛丽莲·梦露说：“如果你无法忍受我最坏的一面，你也不配得到我最好的一面。”

工作也是这样，你对最坏的一面，对必须为此承受的压力和付出的代价要有所了解。那么，产生职场压力的根源是什么？

一位年轻的金融师，因不确定是否能胜任工作而感到恐惧，害怕一旦出错会被上司训斥，对于新的计划目标如临大敌，对自己也特别失望。这种问题每天都在困扰着他，他只能比别人更加努力。不幸的是，连续熬夜加班导致了猝死，这真是一个悲剧。认真说来，是职场压力杀死了他。

你可能在工作中感受到压力的事情：

难以达成的最后期限；

难以相处的同事或老板；

对个人工作的不确定感；

不确定自己能否成功完成工作项目；

竞争、公司政治、人际冲突；

没有足够时间留给家人或个人生活；

对要做太多事情感到不堪重负。

在所有这些例子中，产生压力的原因其实是同一件事：你应该做成领导希望你做成的工作。那么应对办法又是什么？

郁闷排遣法：减轻压力可以采取一些让自己心情开朗的方法，同时还要防止消极情绪的反刍。一般来说，运动、呼吸、冥想、听音乐、写作等方法简单易行，有氧运动更是可以让体内产生可以把压力和不愉快带走的愉快因子“腓肽”。

压力断流法：严格制定工作计划，并且按照计划执行。比如今天的问题不能拖到明天，手边能尽快完成的工作不要拖到最后。因为工作会越积越多，压力也会。对于计划中无法完成的工作，不要死扛，要懂得合作和出让。

标准成立法：思考你对于工作认可的理想标准，工作数量在可控范围内你会感觉安全、稳定和舒适得多。

透析疗法：透析是一种医学手段，而我们在这里所说的透析疗法是指，在职场上我们可以用辅助新陈代谢功能失常的机体排毒的一种治疗方法，在下班前把工作中出现的压力或是消极情绪消除，保证晚上的睡眠，不要养成让糟糕的回忆或感情“过夜”的习惯。

那些在职场中风生水起的精英，一定是心胸豁达、专注重要事项，且能接受自己糟糕表现的人。只有在重压之下不丧失自我，生活才能平安无事，也会继续加持另谋出路的能力。

2. 拥抱焦虑，应对挑战

李君有份值得骄傲的工作，她是一家世界五百强企业的销售精英，每年拿到手的都是厚厚一大笔奖金，有车补、有房补，几年时间就在北京购入一套较为宽敞的房子，真正的金领精英，人人羡慕的对象。可是，正当她的事业蒸蒸日上的时候，有一天，她突然住院了，病因是抑郁症。

原来，李君虽然能力突出，但同时承受的心理压力也非常大。她每天都担心工作完成得不够出色，领导不满意；担心客户沟通不到位，业绩下滑；又怕管理不好下属，影响部门成绩。一重重担忧让她变得敏感、焦虑，每天加班到很晚，睡不着觉，食不甘味，整天感到头晕脑涨，工作效率极低，非常痛苦。最后，只好求助医生。

李君的故事在职场中经常发生，尤其易出现在30岁~50岁之间的职场精英身上。焦虑并非凭空出现，而是当人们长期熟悉的环境突然发生重大转变后，当自己通过努力取得成就后，会更加严格要求自己，力求在工作上取得更好的成绩。这种巨大的压力让人放弃娱乐、放弃生活、自我压抑，最终形成严重的焦虑，进而发展为抑郁症。

众所周知，职场需要适度的焦虑来督促自己进步，但关闭五感，将全身心都投入工作的人，在长年累月的忙碌之后，会丧失社会群体支持，丧失成就感，并产生严重的心理问题，危及生活和健康。因此，身处竞争激烈工作环境的职场人士，要多利用社会支持系统，跟家人、朋友进行倾诉，这样有助于及早发现心理危机。

此外，还有一些方法也可以帮助我们缓解焦虑，应对压力：

企业帮助。企业心理援助可以让感到压力重大的员工有倾诉之处，但主要还是自身平时多注意，不要过度地透支体力，做事情要循序渐进，工作要讲究方式、方法。

分享。学会分享成功，而不是单纯的个人英雄主义，在与他人分享中释放压力；最后就是要有自我养生的意识，健康饮食、规律生活，拥有健康的生活方式，丰富自己的业余生活。

跑步。焦虑的根源来自于大脑当中“海马区齿状回区域”，如果新生神经元不足就将引发焦虑感，而跑步能刺激自己的“新生神经元”，从而缓解焦虑。

当然，引爆你身体内焦虑的可能不只是工作，它来自方方面面，并且普遍存在于所有人身上，所以你并不用过度担心。焦虑主要来源于：

工作：升职压力、竞争压力、上司施压；行业影响，前途不明；人到中年，发展瓶颈。

生活：夫妻感情、子女教育、情感问题、亲友关系。

心态：攀比、嫉妒、不满、贫穷，等等。

焦虑并不是特别可怕的东西，在某种条件下，焦虑的压力会转化为促使你努力的强大动力。

如果你在职场奔波，一定清楚地知道自己的职业规划，给自己一段时间，尝试想要做的事情，摸索真正适合自己的工作。

如果你在职场晋升期，谨慎对待职场人际关系，真诚待人，为自己的继续发展提供可靠的人脉支持。

如果你遇到了生活的瓶颈，与其争得头破血流，不如退一步海阔天空。

此外，乐观的生活态度是人生必不可少的调味料，无论面对什么样的际遇，性格总是滋生焦虑情绪或者勇往直前的决定性因素。因此，只要善于自我管理，化焦虑为动力，相信你的人生未来会有更多的收获。

3. 容易后悔和总是在通往后悔的路上

在面临做出某些决策的时候，人的习惯性思维总是趋利避害，争取最大利益。然而，很多时候并不是事事都会如你所愿，如果事态发展朝着不利的方向进行，人们就会将真实结果和假设结果进行对比，由此产生强烈的负面情绪——后悔。

所谓后悔，通俗地讲，就是对发生在自己身上的一些事情进行重新思考后，体会到的一种不安、担心或者恐惧的情绪。实际上，任何事物都存在两面性，即它的正面力量和负面力量，具体的感受体验和自我意识紧密相关。世界上没有完全正确的事情，当然你所经历的、遭遇的也不是特殊的部分。每一种行为，无论发生与否，都与正面和负面的后果、具体的情绪以及自我意识有关，情况一般分为两类：

当事实证明做出的决定避免了可能出现的负面后果时，你认为自己是明智而谨慎的。

当意识到当时本不该做的一些事情时，你会觉得糊涂和愚蠢。

一个人之所以会产生后悔心理，是大脑中关于未来的“预期后悔”及随后产生的“体验后悔”强烈作用的结果。如果经常沉湎于后悔之中，不仅会降低生活满意度，还会削弱个体应对消极事件的能力。

美国普林斯顿大学教授丹尼尔·卡尼曼与合作伙伴阿莫斯·特韦尔斯基在1982年进行了一项著名的经济心理学测试。

有两位股民，一位将他买的B公司的股票换成了A公司的，结果，之后B公司的股票大幅上涨，他发现如果当初继续持有这些股票，就能赚得1200元；另一位股民，他一开始买的就是A公司的股票，虽然曾经打算换成B公司的，但是终究没有付诸实施，同样地，他也很后悔，因为如果当初换股，现在就能赚得1200元。

虽然故事的经过不同，但是这两个股民都损失了假想中的1200元，又同样陷入了自责和后悔中。

现在问题来了，受试者要回答他们认为谁更后悔。最终，92%的受试者认为前者更后悔。1986年，卡尼曼提出了“作为效应”来描述这一现象：维持“不作为”的状态要较为容易，如果“作为”，但依然引起负面的结果，就会激起更为强烈的后悔情绪。生活中我们能找到太多事例印证这一理论。排队的时候，你看到旁边窗口的人比较少，于是跑到了隔壁的队伍中排队，可怕的是你一回头，发现自己原先排队的队伍缩短了一大截，于是你后悔起来；你跳槽进入另外一个公司，薪水还不错，但是这时老同事传来了一个消息，原本跟你同级别的某某现在被提升了，成为一个部门的经理。于是你强烈后悔，总觉得如果自己不走，部门经理的职位应该就是自己的。

除了作为效应外，还有很多情况会导致后悔。比如在做某件事情的时候，如果你没有达成目标，可能会觉得遗憾，但如果你得到的结果与目标只有一步之遥而未能成功，你就会陷入更强烈的后悔和自责中，抱怨为什么没有更加认真努力。

那么，怎样应对后悔带来的情绪压力呢？一般认为应该有如下几点：

在陷入极度后悔的情绪中时，应淡化后悔的情绪色彩，积极采取挽救行动，但不应彻底遗忘后悔的情绪，适当地在心中保留后悔的经验才能对未来的选择很审慎。“健忘”正是屡犯相同错误的根本原因。

用幽默解决困境。在十分痛苦和懊悔的时候，一点幽默或许能擦亮跌落黑暗的心灵。

经由后悔你可以再选择未来，而非过去，明白这一点，后悔就是一种有价值的情绪。

在大部分人眼中，“能做出个完美决定”是件难度系数很高的技术活。失之毫厘谬以千里，丁点儿差错都会让你在日后追悔莫及。其实做个好决定，没有想象的那么难！你对待时间的态度，才是解码的关键。

时间是流动的，你不能纠结于后悔的经验中无法自拔，而要明白一个事实：现在的你不能评价当初所做的决定，因为现在你看到了结果。如果时间真的重来，你的选择还是一样。

在面临与过去相似的选择时，仔细回忆过去失败的情形，积极地利用过去的经验，从而避免犯相同的错误。

其实，我们有一个将导致后悔结果的灾难降到最低可以选择的最便捷方法：迅速在脑海中搜寻各种可能性，确定一个可接受方案时，忽视风险，勇往直前，无论结果如何都要欣然接受，即使失败也不言放弃，尊重自己的选择，听从内心的声音，你的人生就不会写满“后悔”。

4. 人生不能失去掌控感

当你正在专心工作的时候，突然接到领导分配给你的一个任务，还必须“马上做”，而此时你接到开会通知，会议结束后要写纪要，不知道还会临时委派什么任务……相信此时此情此景，你的内心是无比崩溃的。工作量是给内心造成压力的一个原因，但相比不停地加班，更可怕的是无法掌控自己的工作节奏，完全被人操纵，失去“自我掌控感”。

这种感觉非常令人不安。无论是工作还是生活，失去控制权都是糟糕的体验。海明威说：“人可以失败，但不能被击败，不论生活多么艰辛，自由意志不能丧失。”他的写作生涯是自由掌控的，尽管很多活动都比辛辛苦苦写东西赚钱，但他坚持写自己的文字，而不是迎合读者，哗众取宠。

很多人压力特别大，因为他们无法掌控即将发生的事情。

比如，上学让你感到紧张，因为不知道那堂课老师是否会随机来个小测验；等待接听电话的客服永远不知道下一个即将面对的是什么样的顾客，会提出什么样的问题；你坐在饭店里点餐后，通常会进入警觉的等待中，因为你不知道需要等多久，所以每一分钟都变得非常慢。生活中，这样的事情随处可见。

也许你会说，自我掌控实现起来太困难。因为你只是一个普通人，也只是一名普通员工，上班的时候要随时听候差遣，谁知道未卜的前途是怎样的呢?

压力=失去掌控感。

这个公式是众多心理学家的研究成果，也是分析工作压力的指导原则。对于你来说，如果你对事情发展的自信拥有很强的掌控感，则从另一个方面说明你的抗压能力也是非常强的。记住，这点很重要，尤其是在职场人身上。

抗压能力强，意味着可控不良情绪事件，也就是说你能掌控的事情从广度到强度上都高于平均水平。

很多人都会说，只要给我足够的时间，我相信我能完成任何有挑战的事情。但是我们要做这样的考虑：所有事情都会事先通知你吗？当然不可能。一旦察觉需要面对的挑战越来越多时，你就会感受到巨大的压力。这种压力并不是来源于事件本身，而是事先没有做出准备，迎接所担忧的“失控”模式的出现。人们为何形成这样的应对模式？因为有从中受益的经验。

比如在一场友好的比赛开始之前，你会预先知道很多信息：场地、时间、赛程、环境以及比赛内容等，以便你能够尽最大努力为之做准备。然后，最终的比赛结果会与你准备的是否充分相关联，但却不会取决于你的准备，这会给你强烈的失控感。

那么，面对即将失控的场景，如何缓解压力？

寻找你的应对模式。反思自己的人生经历，看自己是否时时刻刻都要让事情处于控制下。你为什么会这样？哪些事件强化了它？哪些事件处于失控状态？

关于失控，有几种方式挑战：

—所有没有完全把握的事情，都失败了吗？有例外吗？有些时候你也没有完全准备好，但是发挥得不错啊。这样心理就会稍稍地对我们的固有模式形成挑战，这可以增强我们的信心。

—找出失控事件的共同点，回忆一下，已完成却失败的事件和没准备导致失败的事情区别在哪？这样总结的好处是你可以从中清楚看到自己的优势和劣势，从而多向自己的优势领域发展。

接纳情绪。所有人，即使是大师级的人物，在面对挑战时都不可能有完全的把握，都有可能产生焦虑。他们之所以能成功，不是因为他们不焦虑，不慌张，而是能够在焦虑的情况下保持冷静，像不焦虑一样行动。

其实，每个人心底有个控制压力的开关，并且在适当的条件下可控、可转变。人们的生活状态不一样，思维模式也千差万别，压力的成长却是需要特定状态的。如果你是被动型人格，又容易陷入被动出现的压力中无法自拔，试着尝试一下上述方法，帮助自己获得身心自由。当你上升到“虽然明知不可控的事情，也有勇气去控制它”的时候，你将无往而不胜。

5. 每一步计划都是未来的宏伟蓝图

人们经常有这种经验。晚餐想出去吃，开始你只想在附近吃一块牛排，又觉得再远一点的火锅店也不错，后来发现还是5公里外银座里的烤乳鸽最合胃口。就这样你犯了选择恐惧症，本来清晰的目标变得不那么重要，到最后发现什么都不要选择了吧，还是在家煮泡面！

在管理学中有一个著名的手表定理。戴一只手表能准确知道时间，而戴两只，三只却让人迷惑，不知道该看哪一个。

上面两种情况说明的是同一个问题。一个人如果设置许多个目标，结果不是顾此失彼，就是同时失败。一个人如果选择两种价值观，结果人生就会陷入混乱。一个人如果有好几个直属领导，那么他就不知道该干什么。

所以目标一定要清晰，你对未来的计划也要整齐划一，定好标准，就像手表定理所阐述的问题，只需要认准一块就好。如果你现在还处在混乱的状态中，先不考虑其他，想一想是不是你对未来的规划还模糊不清?

大多数人对自己的人生目标并不明确。比如电影《甜蜜蜜》中的黎小军。他的人生目标本来是明确而单一的，就是到香港淘金、赚钱、娶小婷。可是事情并不如他想象的那般发展开来。当黎小军遇到了比他目标更明确的李翘，世界观就发生了大逆转。

首先，他觉得自己是因为孤独被李翘吸引，实际上他就是喜欢李翘活泼奔放的性格；他觉得自己应该努力工作，获得报酬，实际上他羡慕并疑惑着李翘的种种赚钱手法；他认为自己的幸福就是娶到小婷，实际上在他心中，李翘已经无可替代了。当人生规划好的道路突然出现岔道和另外的目标的时候，黎小军迷茫了，他不知道自己该做什么，又能改变什么。最后，他选择了消极的规避。

电影之所以引起人们的共鸣，在于它的象征性意义。黎小军就像你、像我、像他，像每一个心中有纠结的人。当人生展现出多种选择和计划的时候，未来就更加模糊不清。你没有认准自己的手表，而是不断添加新手表，它们给你增加压力，让你失去方向。

在某些情况下，造成压力的最大的原因是“改变”的发生，当生活中出现超出常规的变化时，你感到无所适从，失去方向感，随风飘摇。研究表明，关于压力的重量：丧偶100个压力值，离婚73个压力值，分居65个压力值，结婚50个压力值等，如果累积超过300，则会出现非常严重的问题。

在人生的规划中，无论如何，你都要坚定一个目标，做出详细而坚定的规划，才有可能走向成功。比如你独自去陌生的国家。如何规划自己的行程？首先，你要考虑衣食住行，计划去哪些景点，办理信用卡和兑换货币；其次，解决你的语言问题，了解当地的风俗习惯，对一些场景（比如）公共交通路线进行模拟演练……这么多事情，合理规划，安排先后非常重要。将有限的精力投入到最有效率的地方，才能获得最大的效果，如果某个环节规划不到，那么很可能满盘皆输。

警惕惯性思维：人们喜欢重复自己“擅长”的事情，运用自己熟悉的经验。所以容易犯重复性错误，比如经常听到这样一句话“为什么这种事老是发生在我身上？”就是“惯性的力量”，习惯性犯错让压力成倍增加。

分解任务：根据目标的难易程度制定不同阶段目标，从近到远，从易到难，努力完成。

细分任务：在做人生规划的时候，让目标在脑海中有个具体的形象。比如说，这周我要拿下某某客户，或者我要完成10万的单子，这些计划严肃而具体，如果是“这周我要更努力”，那么等到了周末，你会发现自己一事无成。

有限的任务：如果你把目标写满一个厚厚的本子，谁都会感到绝望。你需要找出那些有强动力的行动。

清理已完成任务：每完成一项任务或者目标，可以将其从自己的计划书中划掉，这个动作会让你很有成就感。

6. 从“没这个工作就好了”到“我能做”

如果你从心底抗拒某份工作，那一定会开启“没有这个工作就好了，我就能……”模式。然而，工作毕竟是工作，是你日常生活不可或缺，甚至占据主要地位的一大部分。对于一项工作，你能抗拒一时，却不能永远抗拒，所以你不用抱怨当前所受到的压力，而应该立马停止，重新找到能发挥你激情的工作。是的，是激情，而不仅是能力。

富兰克林说，关于工作，你要追求它，别让它追求你，只有这样才能维持压力与努力平衡的美好状态。追求工作，追求想要的生活，是人的社会本能。而你能不能最终成为理想中那个成功的人，并不是想象的那么容易。

爱迪生说，天才是99%的汗水加1%的机会。这个公式还有一个决定性的前提，就是“去做”，主动地、充满热情去经营事业。

哥伦布是发现新大陆的英雄。他回国后，国王和王后将其奉为上宾，授予海军上将头衔。有些贵族瞧不起哥伦布，纷纷议论，他不就是出了趟海嘛，有什么了不起？发现新大陆？随便是谁都能发现那块大陆的好吗？因为一直以来都存在啊，哥伦布真是小人得志。

面对种种非议，哥伦布在一场宴会上做出很好的回击。他把一个鸡蛋放到桌子上，问谁能让鸡蛋立起来，结果没人能做到。这时，哥伦布拿起鸡蛋，把鸡蛋一头轻轻磕了一下，鸡蛋就竖起来了。

能人所不能，是一种了不起的精神，从“没有这个就好了”到“我能做”，是一种了不起的能力。你能做成这件事情，意味着“困难”会消散于无形，心情和时间自由了，还谈什么压力？

“我能做”是一种很自信的态度，是一种视压力为无物的霸气。在职场上，你不再是消极、被动地等待，而是做好主动出击的准备，去挑战一个又一个的高峰。如果能做到个人能力与职业要求高度匹配，你就能进入精英团队，获得的舒适和满足也就最高。当然，你不需要到达风光的顶层，因为这无疑是给你的职业生涯增添更大的压力，你只要心安理得地在自己的位置，努力绽放，静待花开。既然主动做事如此重要，怎样才能让自己具备这种思维，将主动的能力学习到手，融会贯通，应用于工作中呢？

成功的人生是可以选择的。首先你要了解自己专注于哪些事情上，然后围绕这个中心点全面布局。如果对于自己的能力不是很明确，可以寻找职业测评机构寻求帮助或者多和领导、朋友交流，发现自己成功的隐秘之所。

积累知识。尽管拥有知识你不一定成功，但没有知识，你基本也不会成功。知识积累到一定程度的时候，会产生质变，改变头脑的思维模式。如果能融会贯通，会将你提升一个层次。

热心工作。在职场上处于上升时期的人永远都在积极寻找机会，主动做事，仅听从领导布置工作的人永远只能是初级员工。

切香肠方法。把工作分成几个小部分，然后把每一部分再细分为几个步骤，使得每一个步骤都可在一个工作日之内完成，强制自己在完成之前绝对不放下工作去做别的事情。

写工作日志。在工作日志里，把开始日期、预定完成日期以及遇到问题、心得体会、需要帮助等事项认真写下来，这样既不会疏漏工作，更可以把工作进行分析，找到完成的最佳途径。

7. 做个拖延症克星

习惯把事情拖到最后做的人，是感受压力最大的人。被你在计划中排到最后的工作，就像心中的一颗毒瘤，拖得越久，长得越大，最后它能让你无法呼吸、紧张恐惧。任何到你手中的事都会让你抓狂，当压力积累到某个程度时，它甚至会严重影响你的注意力和判断力。应付拖延压力，最简单的解决方法就是马上行动。

米歇尔将军在西点军校时，被灌输的一个重要概念，那就是没有任何借口，不要拖延，立即行动。比如擦皮鞋这件小事，他说，如果第一次因疏忽忘记擦鞋，之后找种种借口逃脱惩罚，那么就会有第二次、第三次，久而久之，就会养成找借口的习惯，而且会无故拖延。

当随便找借口拖延的做法真的变成一个习惯，会造成什么样的后果？最明显的就是你要完成的任务停滞不前，你的生活也进入暂停状态，甚至出现可怕的倒退。工作如同战斗。如果你是领导者，永远不要对擅长拖延的人报太高的期望。因为他们永远辜负你的信任，永远给你一大堆“合理的理由”。而你的团队需要高效，需要如狼似虎，他们却总是像慢吞吞的绵羊。

拖延症给我们造成的压力和损失是难以估量的。首先，今天该做的事拖到明天，甚至后天才去完成，现在该联系的人过几天再联系，会出现什么结果？可能在决定“拖下去”的时候，除却心里想象的“领导会不会来催我”之类的阴云久久不能散去，你的感觉还是比较轻松的。但是，要知道明天还会有别的新任务，联络的对象因你的不主动不及时，本有合作意向的热情开始淡化了，最后即使你追着人家，也不一定能谈拢。随后，会出现业绩滑坡、奖金减少等一系列连锁反应，甚至最后威胁到你的岗位稳定性。

或许你会说，拖延都是有客观原因的，凡事都留待明天是因为今天要做的事情简直太多了，根本腾不出时间来做别的事，归根结底，还是领导安排工作的问题！可是，你有多少个日子努力地工作了呢？你喊着累，却会每天花几个小时看小说、刷微博；每天在商场流连几个小时，去练瑜伽，去餐馆体验“文艺”的感觉，去制造邂逅或是艳遇。当“快乐的时间”被消磨之后，剩下的就只是痛苦了，你会感觉工作压力越来越大。

拖延的实质是懒惰，它是人类的天性之一，依靠强大的自控力抵御，如果放松警惕，拖延几乎是人人都可能出现的“症状”。每天清晨，当闹钟把你叫醒后，你会怎样，再等一会儿再起床，5分钟、10分钟……最后迟到，这就是拖延。

如果想遏制拖延带来压力的几率，最好的办法是勤奋起来。遇到需要解决的问题的时候，马上行动，不给自己一点拖延的理由。以下一些建议，对想改变现状的拖延症患者是有切实可行的意义的。

首先，你要学习时间管理的方法。

将准备完成的事件按轻重缓急分出等级，立刻去做最重要、最困难和最复杂的事情，解决难题后，压力会降到最低程度。

重要且紧急：周一上午的例会需要提交工作汇报和拜访客户，孰轻孰重？很多人会认为客户重要，但实际上例会更重要，因为公司每周的公共活动里往往会存在大量的信息，而它们很可能对接下来的工作发展非常关键。

重要不紧急：陪孩子去旅游，过一个有意义的亲子周末；拿出一天时间去图书馆学习；报个游泳班学习等。这样的事情本属于压力之外的事情，但如果你的内心摇摆不定，一拖再拖，那么它们通常会变成长久的压力存在，影响你的生活。

紧急不重要：请你帮忙的人在占用你的时间。比如，帮忙拿个文件，盖个章，帮忙买东西等等，这些琐碎的事情没有什么意义，却给你的工作平添压力。日复一日工作抓不到重点，而忙于小事，你会一直在平凡的日子里度过此生。

不紧急不重要：看电视、玩手机，你的时间总在“休闲”里度过吗？那你就一直闲下去好了，你会永远没有毅力和时间去做大事情。

看了上面的表述，你知道应该把时间放在哪里了吗？

对于拖延症患者，最重要且紧急的事情永远需要放在第一位。但是，这不是说除了第一位别的都不做。你可以看到，自我提升、充实的内容都在重要且不紧急的第二梯队，而这对预防压力出现意义重大。

根据事情重要性的分级，你可以自由管理时间：

和领导确定重要且紧急的事情，明确写在备忘录上。

把其他事项按照你认为的重要程度写下，第一项5件，第二项10件，第三、四项随机。

清晨精力最旺盛的时间里，集中处理第一项事件，不管是否有新插入的工作，严格按照自己头一天的计划来，否则你会陷入无秩序的混乱。

午休过后，利用一个小时处理第二项。下午可以穿插进行第三项，并且告知请求你帮助的同事你的处境，达到别人谅解后，第三项所占用的时间会减少。

在完成紧张、高强度的工作事项后，分配给自己15分钟来利用第四项进行放松。

每天下班前花10分钟总结今天的收获和规划明天的工作，对于无法解决但非常重要的问题，要立刻寻求领导帮助或者将其纳入第二天的第一项。

对于人生来说，生命的长度是可以衡量的，也无法逆转，一天过去了你就会减少24小时。我们虽然不能让时间停止，但如果高效利用时间，不去拖延，那么生命就是一种被延长的状态，同等时间内你的时间使用价值最大，获得的收获也就最多。打败拖延，勤奋努力，是你从平凡到优秀至关重要的一步。

8.“借口”和“抗压”只一念之间

借口与拖延是秤不离砣的亲密关系。习惯拖延的人通常也是巧舌如簧的借口专家，当被委任一项事情时，第一反应如果是反射式的拒绝，那么即使接受任务，十有八九会找各种借口拖延或者拒绝，更重要的是，这些借口多且冠冕堂皇的人（几乎是可以预测性的），通常也不会把分配给他的工作和任务按时完成。如果你运用这个理论去观察周围的人，基本就会得出这样一个极具普遍性的结论。

你和某个人聊天，他三句半不离工作太辛苦、没有发展前途、领导不好、委派的工作不合理、这个事情本来该某某去做，不知怎么落到了自己头上等，总之是找出千百种理由突出别人的可恶，凸显自己的百般不容易。然后试图让你理解他的苦衷，为事情未能按计划实施而辩解。表面看来，“借口”

是一种逃避压力的方法，但实际上，百般找借口是“治标不治本”的方法，甚至正好相反——它让肩上的压力更加沉重。

在生活中，有人不断找借口推脱，有人不断找借口说服自己去做违背心愿的事情。

萨萨跳槽去了别的公司，但是她的境况显然看上去不尽如人意。她诉苦道：“新公司没有班车，对打卡要求特别严格，只能加班却不给加班费，迟到却严格扣钱，周围消费很高……”可是，既然新公司哪里都不好，为什么还要去呢？萨萨说，不管怎样，工资比之前高一些，所以忍着呗。

是啊，无论怎样高谈阔论，怎样有抱负有情怀，找各种借口说服自己说服别人去谋求别的发展，实际上只不过为了赚更多钱找个借口而已。这引出了一个心理学原理：“承诺一致原理”也就是，当你做出一个决定和表态的时候，你后面的言行会不自觉跟你的决定和表态表现一致。如果出现背道而驰的情况，那么你定是在找借口来趋利避害，而不是遵从自己内心的声音。

找借口，其实是为自己的行为处境找一个“心安理得”的解释，不管别人是否认可，自己获得精神上的平静即可。弗洛伊德有个著名的“防卫机转”理论，即“让我有个合理借口，躲避所谓的压力”。生活中很多人做了愚蠢的事情，不去检讨自己的错误，反而去找借口粉饰自己的愚蠢，结果除了自己觉得没有压力了、轻松了，实际上又将自己推入更加被动的境地。因为没有人愿意再次忍受你的自欺欺人。更可怕的是，如果养成找借口的习惯，会认为所有的错误都是外界和别人造成的，长此以往，你无法看到自己的短处，也就不想找方法让自己变得更好，你会失去上升的能力。

与其羡慕他人的成功，不如减少自己的“借口”，只有更加诚实，更加认真、高效地对待工作和生活，接受更多的历练才能督促自己不断成长。不把那么多借口放工作和生活上，你就能解决忧虑、逃避、失败等多种压力。

第四章

逆流而上的力量

平凡和伟大之间，其实只差了一个“努力”的距离。逆流而上的力量是澎湃的激情，是生机勃发的斗志，以创造性的力量影响人们的潜质，改变人们的命运。在人生的种种境遇间，无一处不是压力。生命的强大程度，取决于你控制对待压力的心态和能力。每个人都有让自己幸福的理由，关键是你是否去主动寻找过那种理由，而这种发自内心的追求和冲动，需要付出坚定的努力。

1. 思维模式与经历的共生关系

人生似乎有这么个怪圈，好像走运的人总是在走运，运气不佳的人一直平平无奇。翻开每天的日历，数落下简单到可怜的生活场景：从学生时代的两点一线到公司——家之间的两点一线，好像一切都没什么改变。尤其进入职场之后，总是看别人怎么活跃怎么把日子过得风生水起。而你，总是慢悠悠跟在后面，一不留神还跟不上了。

曾经在网上看到一句话：毕业三年，差距不大；毕业五年，拉开距离；毕业十年，你就再也追不上了。细细想来，其实很有道理。一天一点的努力和一天一点懒散拖延，三年可能还看不到差异，但是时间越长，两者累积的改变也就越大，直到这种差距明显地表现出来。然后，你发自内心地感觉到，平庸的你和上升至中产阶层的同学，好像再也无法坐在一起愉快地聊天了。不是吗？你大谈自己的辛苦，同学却只想聊他最近想到的一个项目；你想八卦一下同事或领导的小道消息，同学却在考虑未来的退休计划……差距带来了压力，你干脆希望与同学再见无期！

每个人的路都是自己走出来的，从你独立走上社会开始，你的思维习惯会影响终身。它在潜移默化地改造你，并引领你在关键时期做出正确的决策。但遗憾的是，在现实生活中，绝大多数人压根就没有利于个人发展的思维方式，甚至忽略了思维认知能力的修炼，只是放任自流，任由惰性滋长。

两条小鱼刚从冰冷的海域游到温暖地带，遇到一个海龟。海龟问：你们好，这片水不错吧？两条小鱼没有回答。游了一会儿，其中一条忍不住问另一条：什么是水呀？

这就像人们的生活。时间久了，你根本不知道自己生活在什么样的世界里了。以为所有人都和你一样，过着按部就班的日子，除非机缘巧合，否则很可能一辈子没有接触更高一层的机会。

普通人的思维模式，禁锢了你的世界。让你每天的生活充满各种压力：金钱、职场、教育、房产……你习惯了被生活拖着往前走，被生活节奏所掌控，没有意识去拓展认知边界，也忽略了一个重要能力的锻炼：思维能力。

与其说性格决定命运，不如说思维方式决定一个人的命运。

为什么别人就能轻轻松松过得更好？因为不同的思维方式，会产生不同的行为方式，继而产生不同的结果，最终才会表现为不同的生命状态。当然，一个人的思维模式可以通过后天的训练发生改变、得到提升。

2017年夏天，电影《摔跤吧！爸爸》火了。这部电影讲述了一位爸爸为了让女儿出人头地，也为了实现自己的梦想，努力将自己的两个女儿培养为摔跤选手的故事。电影中，两个女儿一开始不理解父亲的做法，各种反抗，一次还偷跑出去参加一个14岁小姐妹的婚礼。小新娘听到她们的诉苦后说：“我倒是希望上帝给我这样一位父亲，至少他很关心你们。否则我们的现实就是这样：以女儿身降生的一刻起，就注定与锅碗瓢盆为伍。”因为在印度女性的地位很低，女孩子到了待嫁的年龄，就会被父母嫁给一个从未谋面的男人，相夫教子，没有人期许她会有什么成就，也没有人在乎她的未来。

要想摆脱这种命运，必须改变固有的思维模式，这位印度爸爸选择的是把姐妹俩塑造成斗士，而两个女孩在朋友的提醒之下，也终于发现了她们忽略太久的事实：只有奋斗，只有转变思维才能让她们获得属于她们的、原本无缘看到的人生。

这就是思维方式的差异。即使在相同的环境下，人与人之间思维模式也会存在差异。人的一生，主要靠自己。靠自己，就得研究社会化能力的原理机制，从一个更高的维度俯视社会，才能够赋予自我并不具备的能力——思维能力！

要获得这种思维能力，需要改变残缺型的思维模式：借口式；应对重压下生活的能力：社会能力。

借口只是掩饰你的不够努力而已。在困难中，面对和接受，克服和解决远比绝望要勇敢。

所以，不要在乎困难，也许它就是幸运的开始。

社会能力，是个蛮不讲理的能力，它只会在你没做好准备时出现。而这种能力的养成，又需要在现实中洗礼磨炼。但悲哀的是，越是缺乏这种能力，就越是缺少磨炼的机会。越是能力不足，最后越是会沦为边缘人士，叫天天不灵叫地地不应。

除非改变思路，赋予自我一种能力，变经验型人生为智慧型人生，在缺少足够的实践前提下，先期找到能力养成的方法。

2.“习得性无力感”设下的陷阱

“习得性无力感”是常见的一种心理压力，职场上更是习得性无力感的重灾区。

刚上班的时候，你的状态可能是“春风得意马蹄疾”，踌躇满志地想干出一番事业来。可是仅仅几个月后，你就看到现实与想象的差距，知道自己人微言轻，不过是这职场中的“穷忙族”，于是，职场人开始出现分化。一部分抗压抗挫能力超强的人苦苦煎熬，把80%以上时间贡献给工作，几年下来得到部分位置和报酬的回报；一部分人开始学着玩弄办公室政治，依靠不同路径向上爬，当然，最大的可能性是突然掉下来；一部分人一纸“休书”，辞了工作另谋高就；还有一部分人开始认命，成了每天带着一张“生无可恋脸”的办公室橡皮人。

方其刚毕业的时候在一家公司做秘书工作。他每天到公司后第一件事是打开邮箱处理邮件，然后开始做表格，写通知，打电话通知需要开会的人员……然后继续做表格……一整天都是如此，而且第二天的工作任务也不过是第一天的重复而已。当然，除了重复劳动，他还要时刻紧绷着神经“提防”上司的各种奇葩临时任务和看上去好像永无止境的加班。就这样，方其辛勤地干了一年，给领导留下了不错的印象。

方其原本以为，自己的表现已得到领导认可，接下来起码可以加些薪水，可他的愿望落空了，他依旧在最底层的岗位上做着最枯燥无聊又辛苦的工作。久而久之，他每天早晨一想到要到公司去就觉得“真是糟透了”，到了公司也不像以前那样对每位同事微笑，工作效率降低，每天只是想着下班吧、请假吧。与此同时，方其虽然也想过一走了之，但想想昂贵的房租——天呐，不能！就这样，方其守着一份熟悉但却让他无能为力的工作，不幸地变成了职场橡皮人。

像方其这样虚弱无力的职场人，其实是在“倦怠”的压力下生成的一个“族群”。他们不光“心累”——简单重复的劳动、低于心理预期的收入、成就感匮乏，还必须忍受职业倦怠对身体产生的巨大压力，比如焦虑症和抑郁症，神经衰弱，抵抗力下降，肠胃疾病，脑力衰退等。如果一个人在工作中找不到成就感，又无法做出改变，那么所有的激情最终会被蚕食殆尽，身心俱疲。

若要改变“习得性无力”的压力，调整状态，需要从多方面调整自我心理状态。

重新定义工作的意义。工作不只是挣钱的手段，还是一个锻炼的过程。如果你试着把公司亏欠的报酬当作支付的学费，心态就会平和，会从抱怨中走出，重新找到努力的动力。

营造愉悦的工作环境。情绪是一种带有魔性的东西，尽管面对的事情一样，但是如果带着好心情工作，你就会显得游刃有余；如果每天抱怨焦虑，就会度日如年，工作也容易出现疏漏。因此，我们建议你调整情绪，把每天做完的工作写下来放到盒子里，每周或者每月检阅一次，你会发现自己的成就越来越多，受到更大鼓舞，形成良性循环。

找到积极的业余爱好，如运动、唱歌、旅游、养宠物等。你不只有工作，还应该把更多的时间留给生活，工作之余，让爱好助你缓解压力，你会发现自己重获力量，走向了新生。

强健体魄是心理健康的基础。充足的睡眠、适量的运动、营养均衡的三餐、及时的心理调节、适当的学习充电等，就会保证精力的高效恢复和良好状态。而一个精力旺盛的人，会站得高看得远，思维敏捷、工作效率高，轻松抗压。

3. 压力是可以依靠的资源，而非要消灭的敌人

每当觉得压力太大时，正常的心理状态是：不敢相信——确认压力——自我消沉——痛苦绝望。无论接下来受打击的心灵准备反抗还是沉默下去，你都必须首先完成这一心理过程，然后问问自己：我正在做什么？是不是正在想压力很大的事？是不是又在提醒自己有多忙？是不是认为自己有权利沮丧不安？你在强化负面的能量，还是充分利用了此时此刻？你的态度与思维方式都是积极而正面的吗？你会努力解决问题，还是制造问题？

压力的两面性是人们早已理解并加以运用的一个课题。压力会“杀人”，也会成为人们抗争命运的利器，压力是一种疾

病，但同时也是治愈疾病的关键；压力是恐惧的根本，也是力量的源泉。自然界中，拥有意识的生物都有压力。对动物来说，它们需要思量生存、繁殖的压力，越是高等动物，它的需求就越多，压力随之就越大。

美国退役军人办公室曾用十年时间跟踪调查过一千名成年人的生活。结果发现，越是试图逃避压力的人，在想尽办法绕开压力的时候，家庭和工作都出现了更多冲突，得到了很多负面结果，这群人也更加抑郁。心理学家把这个恶性循环叫做“压力繁殖”。当压力不断积累，让你渐无招架之力时，自毁模式就全开了。如同心理学者理查德·瑞恩所说：“越想得到最多愉悦感和逃避痛苦的人，越可能失去生命的深度、意义和人心。”

可见，对所有人来说，把压力转化为动力，变为可依靠和利用的资源，是多么重要。

培根说：“奇迹往往是在厄运中诞生。”

适当的压力有助于身心健康，就如同细菌是人体的重要部分，这就是我们要说的“良性应激”。这种应激反应指对健康有益，能让人体会到成就感等积极感情的良性压力。它广泛存在于生活和工作中，目标稍订高一点，给自己适度压力，可以激发自我潜能，引发合理的竞争机制，促进自我进步。

这一点，我们在生活中是能够切实感受到的：

压力让人积极生活。它能提高人们的兴奋度，能治愈初期的疾病，且让人感到生活充满希望。

压力能激发创意。柯什博士说：“短期压力能让人把注意力集中在现实情境中，排除外界干扰。人们此时更愿意尝试新事物，表达具有创意的想法。”

提高记忆力。巨大的压力能堵塞大脑的思考系统，所以救急号码只有三位数，并且是0和1的组合。但适度的压力却能让注意力高度集中，比如原本记不住的课文，在考试时却奇迹般地展现在大脑中。

压力让人更敏锐。短暂的压力激发人体潜能，让人感官更加敏锐。比如在开车或参加面试时，压力能让人更加机警。

提高工作效率。在工作量较大产生压力的情况下，工作效率是最高的。而随着任务的完成，你会有信心面对更高层次的工作。

1926年，刚刚进入三菱集团的大村文年就立下了豪言壮语，一定要成为这家公司的总经理。他凭着旺盛的斗志与惊人的体力，数十年如一日，孜孜不倦地工作。他在毫无背景的情况下，完全凭借个人实力，终于在1935年当上“三菱矿业”的总经理。在三菱集团，未到60岁就成为公司的总经理，可以说是史无前例。大村文年的就职使日本工商界大为震惊，人们纷纷为他的魄力和精神所折服。

大村文年的故事说明，面对压力要学会自我激励，而高度的自我激励正是成功的法宝。要知道，压力的存在绝不是为了打败你，而是为了让你有充足的动力，充分的信念继续努力。压力摧毁懦弱的人的生活，给聪慧的人以希望和新生。有时候，你会主动让自己置身于压力环境中，为了得到更多成功的乐趣，也为了享受更好的物质生活。只要依靠压力资源，并且掌握“适度”的量，压力，就会成为美妙的助手。

每一天即是新生。无论面对麻烦事有多么严重，要知道，除了你之外，别人无权对你指手画脚，在每一天都特别努力才是你应有的模样。

接受挑战。当你在攀登高峰的时候，是奋力爬到顶峰还是失手跌落山崖，当你在重压之下，在不如意的时候，消极放弃让你走向失败，而重新振作则有希望成功。一念天堂，把挑战看成对自己的一次严格的考验，成功后就能享受到最大的满足。

接受并喜欢“麻烦”。在职场中，棘手的难题一个接一个，你快要崩溃了。可是，如果不硬着头皮继续工作，小麻烦最终会越积越多，变成大问题。如果换个思考方法，主动地去接受充满了麻烦的工作，那么情况就会好得多。有一句话叫作“办法总比困难多”，控制烦躁情绪，勇敢地，按部就班解决问题，最终由量变飞跃为质变，你也会发现自己的潜力无限，并涌起战胜一切的信心。

整理。当你感觉压抑的时候，整理办公桌、清理电脑是让你放松和恢复能量的好方法。给平凡的生活增添新鲜的不平凡，可以激发好奇心，提高工作兴趣和斗志。

最后，不让压力变成摧毁你的力量的关键是，别太关心自己在别人眼中的样子。你不是活在别人的期望中的，只是为了活成你自己。

4. 倾诉失败体验，准备逆袭

每天的生活中，你是否有那么一刻，感觉到强烈的挫败感？比如失败、意外、离婚、紧张的人际关系、人身伤害等等，又或者突然有了新的想法或者好的创意，却毫无实现办法。这一切都会让你沮丧，压力巨大。通常来讲，这就是身处逆境，而更糟糕的是你毫无办法。

张丽感到最近事事不顺："整天烦死我了，孩子不听话，单位各种繁琐的事，我又不能跟别人说，每天一睁眼就是'一脑门子官司'。"说起自己的现状，张丽一肚子苦水和委屈。

在同事眼里张丽属于女强人类型，凭着自己的韧劲儿和努力，不到5年时间，就以"自荐"的方式被提拔为行政经理。"我坐上行政经理的位置，导致很多人不满意，所以我不能让他们'看笑话'，我得让他们知道，我张丽凭的是能力。"因此，张丽在公司总是表现得很能干。

平时，每当同事谈论孩子教育问题时，张丽要么不参与，要么就是夸自己的孩子学习特别好，说孩子根本不用自己担心。可实际上，张丽的孩子最近一直沉溺于网络游戏，学习成绩一路下滑，老师甚至提议让张丽陪读。对于这件事，张丽跟上司说，最近孩子要考试，需要家长跟着一起复习，因此希望上司允许她每天上午晚到公司一些时候。上司表示理解，不过上司建议她，如果工作忙不过来，可以让其他同事帮忙。张丽拒绝了，“我知道上司是好意，可我不想让自己的生活影响到工作。”

巧的是，最近赶上公司策划搞周年庆典，这下可把张丽忙坏了，每天上班来大事小情都要她打理，日常的各种安排也要有她参与，只要一到公司，张丽就像陀螺一样。在家庭和工作的双重压力下，张丽的情绪很不好，经常发脾气，偶尔还会手忙脚乱。有的时候，竟然一天内出现好几次错误。看到张丽的异常表现，上司找她谈过几次话，张丽都说“没事”。有一次，张丽下班后不想回家，在办公室发愁，有个同事看到了就跟张丽聊天安慰她，同事还说自己的亲戚是老师，如果孩子需要帮助，可以找她。可是张丽的戒备心理很强，在张丽看来，职场中没有可以交心的人，更不要说向别人说出自己的难处。

“我不想把自己的不如意说给别人听，那样无异于把短处展现给别人，”张丽说，“从我入职开始，我的小姨就告诉过我，职场中没有真朋友，不要把看似会说好话的人都看成朋友，当你说出了自己的难处之后，你就会很被动。”张丽有些无奈地说，其实，她也想找同事聊一聊，可是真正面对面时，又不敢说了。

好的情绪调整不是单纯的发泄，而应该是在宣泄的同时，内在观念同时得以调整。因此，最好的解压方式是找个明白人（如好友、师长等）深入谈谈，既可以宣泄情绪，更重要的是可以得到对方思维的开导，使宣泄与深度思维同时进行。

美国一位心理学家曾指出：“在极度痛苦的时候向别人倾诉是一种潜意识的治疗。”当内心不快时，可将这些不顺心的事适度地讲给自己信得过的朋友听，或者向心理医生进行咨询，或写信给亲朋好友诉说内心的委屈与痛苦。也可自我倾诉，比如用写日记方式来排解不快，让心中的苦水随笔端疏泄出来。

如果心里有痛苦但不倾诉，人就需要用更多的心理力量去掩盖和压制它，往往越是努力压制、掩盖痛苦，越会心力交瘁，产生心理阴影。长期如此，不但会给自己带来越来越多的痛苦，还会影响到周围人以及自己的正常工作。

失败让人品尝苦果，但乐观的人让逆境变成生命中的一朵浪花，悲观的人让逆境成为自我毁灭的武器。尽管你清楚地知道逆境只是命运给你开的一个玩笑，但不是人人都能做到逆袭成功，到底是什么样的心理状态，让好想法好创意半路而亡呢？

逆境其实是一种对失败展开的联想。比如，你重视的工作出现了失误。于是你联想到自己的辛苦付出、与之不相匹配的结果、同事们嘲笑的表情、老板阴沉的脸孔、今后在职场中无立足之地……种种怀疑逐一展开，让你愈加笃信自己处在逆境之中，甚至看上去“永无出头之日”。于是，你告诫自己再也不能去尝试新事物，因为无所作为就不用出错，就可以规避逆境。殊不知，如果原地不动，成功同样也不会光临。

其实，大部分的时候，所谓的“逆境”，不过是杞人忧天而已，逆袭才是改变一切的终极姿态。

对自己有信心。怯懦让你从创新的心智转向保守的心智，阻碍个人发展。自我怀疑可以让自己多思考、多问一些问题、多问一些人的意见，有助于事情顺利展开。但错误的做法是把自我怀疑当成保护自己的方式。

不要让逆境体验成为习惯。放弃做事和怀疑自我成为一种习惯后，做任何事情都会联想到失败，都会变得无比艰难。

学习依赖社交关系。拥有高质量的人脉和社会关系，能够减轻压力，让事情变得简单易行，并极大地提高成功率。

逆袭是积极寻找解决问题的过程，你找到对的目标，预期可能的障碍，然后专心地把问题解决掉。在这个过程中，要求你有敏捷的思维能力。当习惯性的方法无法解决问题的时候，要能拿出全新的方案，只要持续地尝试，慢慢积累，就会获得重大成功。

5. 转化压力：变紧张为兴奋

在职场上，有人倾诉烦心事：自己想做一件事情，领导会不会支持；在做的过程中，同事如果不合作怎么办；做成了，会不会引来别人嫉妒，领导会不会给施加更大的压力，家人支持吗？思前想后，忧心忡忡，要应付的压力实在太大了，无论成功与否，不快乐，真的不快乐。于是，干脆放弃这个走向成功的机会。

“预先思考”出现的紧张情绪是压力的一种模型，它本身并没有过错，毕竟我们也常说凡事预而后立，充分的准备是做好事情的有效步骤。真正需要谨慎对待的是过度思考，把“预先”变成了白日梦。

预先思考型的人会这么说：“凭我的能力，将来肯定是一把手，多风光”“别看我现在不名一文，将来肯定能中大奖”“现在咬紧牙关投资房产，往后肯定会给我丰厚的回报，我就发财了”“我做不成这件事情，因为想想可能出现的压力，我就恐惧”“出差的日子一定很难过”“我跟领导吵架了，往后他一定经常为难我了”，诸如此类。虽然想象不尽相同，但结果都是一样的：带来压力！你背负了太多关于未来的想象，失去了打理当下的激情和勇气。

王珺是一家超市的经理。通常情况下，他的生活是这样的：从开门营业那一刻起，他就想象遇上难缠的客人、零售的小物品被偷、收到假币、当天批发来的水果蔬菜和鲜肉卖不完，只好折价处理、货物遭不良顾客偷着损坏……总之，只要能想到的悲惨情况，他都能像电影般逐一在脑中放映，然后整天都精神紧张，压力巨大。

王珺以为自己是个很聪明的人，因为考虑问题面面俱到，自家生意应该比别人家要好一些。但事实正好相反。他每天要检查很多次商品的状况，每天在为计算进多少货物而苦恼，客人多的时候，对他来说简直就像地狱。而他的雇员呢，也因为王珺出奇的“严格”而无法长久工作。在这种状况下，王珺更加苦恼，于是恶性循环，出现更多问题。

渐渐地，王珺发现“预先设想”的很多问题其实并不存在，所有的压力其实都是自找的。

那么，如何将自寻的烦恼、压力，转化为促使自己火力全开，精神兴奋的力量呢？

别把未来的计划看得太严重，想得太复杂，让它变成压力的来源。无论处在什么境况下，镇定自若是分析问题、解决问题的第一步，只有清醒的头脑，才能尽快拿出解决办法。

在处理复杂的事情时，即使出现失误也不要过分自责，这样一是不会对自己造成太大的心理压力，让自己一蹶不振，二是容易将自己从失败情绪中拉出来，集中精力应对接下来需要面对的各种问题。

与朋友或者同行业人士进行交流。有效沟通能使人精神舒畅，有时候还可在谈话中灵光一闪，找到解决问题的方法。所以，有问题别闷头自己琢磨，和信赖的人交流沟通会有意外收获。

压力肯定会带来烦恼，它是客观存在的，并且随着问题的解决马上还会出现下一个。我们必须清醒地认识到这一点，如果一味陷入压力带来的紧张、烦恼中，那人生除了痛苦就没有快乐可言了！所以，与其拼尽全力寻找没有压力的“真空地带”，不如将目光多放在自我提升上，化压力为动力，才是解决问题的王道。

6. 锻炼从低谷向上攀登的“弹性肌肉”

要想在生活和职场中走出“如歌的行板”，真是太难了。首先，你需要实现财务自由，因为金钱是打开一切禁锢之门的通行证；其次，你需要和意气相投的人们在一起，如果彼此看不顺眼，再繁花似锦的日子都过得痛苦；第三，你需要身心轻松，体魄强健，心灵轻盈。如果做到这最基本的三点，随心所欲的快乐日子也就离你不远了。

美国麻省的艾摩斯特学院的实验人员用很多铁圈把一个小南瓜整个箍住，然后观察当南瓜逐渐长大时，能够承受铁圈多大的压力。最初，他们估计南瓜最大能够承受大约500磅的压力。在实验的第一个月，南瓜承受了500磅的压力；实验到第二个月时，这个南瓜承受了1500磅的压力；当它承受到2000磅压力时，研究人员必须把铁圈捆得更牢，以免南瓜把铁圈撑开。

最后整个南瓜承受了超过5000磅的压力，瓜皮才产生破裂。他们打开南瓜后发现它已经不能吃了，因为在试图突破铁圈包围的过程中，它的果肉变成了坚韧牢固的层层纤维。为了吸收充分的养分，以突破限制它成长的铁圈，它的根部甚至延展超过8万英尺，所有的根往不同的方向全方位地伸展，最后这个南瓜独自接管了整个培植园的土壤与资源。

南瓜能够承受如此庞大的压力，那么人类在逆境下又能够承受多少的压力呢？人的成长过程中会遇到多少的压力可想而知，升学、就业、恋爱、家庭等等，并且事实证明，大多数的人能够承受的压力往往超过自己的预期。

在普通的生活里，很多种情况让你“陷落谷底”，但你若拥有较强的弹性，能继续承受，就能妥善处理压力，将事情向光明的方向引导。

网上有一个视频，讲的是一个退伍士兵在当兵的时候受了伤，医生告诉他，这辈子你不能再走路了。得知这个消息，士兵开始了自暴自弃的生活，15年后，他变成一个坐在轮椅上的超级胖子。

在47岁的某一天，肥肉缠身的他突然觉悟：我不能再这样活下去了！我要瘦！于是，他不顾“瘫痪”的事实，找来教练，希望从康复训练开始改变自我。但教练们又告诉他，不要抱太大希望吧，你没有可能站起来了。然而令人意想不到的事情发生了！10个月的时间，他减掉140磅的体重，而且能跑步了！

看了这个神奇又真实的案例，你还有什么理由桎梏于低谷中不奋力崛起呢?

当然，谁都想努力，也都为努力而挣扎、奋斗过，然而职场上却总会出现这样的情况：

A.“老天！我一定会累死！只要想一下接下来的工作，我就想撞墙！”

B.“下星期要出差，每次外勤我都会瘦好几斤。在陌生的地方到处奔走，太可怕了！”

C.“今天晚上我得通宵熬夜工作，周末还得加班！想想我心跳都要停止了。”

在职场上，这些痛苦的经历和抱怨比比皆是。你身处其中，觉得能量被掏空，整个人像瘪了的气球。不光是你，这种低落的情绪会感染与你交谈的人，你觉得工作累极了，十有八九，你身边的朋友也这么认为！

想象自己的疲劳会产生什么后果？答案是：加重疲劳。因为你在给大脑传递做出疲劳反应的信息。接下来的时间，你会因疲劳而感到痛苦，即使这不是工作造成的，并且会夸大工作的困难度，让自己未曾上阵就败下阵来。

当然，每个人都需要一定的休息时间，恢复心情和能量。就像小树苗，如果揠苗助长，肯定会早衰，倒不如浇水施肥，让它在宽松的条件中生长。培养你的职场能量树，你只需要这么做：

睡上一觉。如果你觉得累，就抓住空闲，打个盹恢复精神。绝对不要跟别人讨论自己有多么缺乏睡眠。要知道，最糟糕的事情就是预先说明自己有多累，如果这么做，你就会觉得加倍疲倦。

关于疲倦的话题经常充斥在现代人的对话中。如果你正处在疲惫中不知所措，试试看自己能不能改变“先易后难”的习惯，争取先做最烦人的事，把它们迅速清理掉。相信这样做之后，你会觉得不那么累了。你会有更多自由支配的时间做简单而容易完成的事情，你的“弹性”就会更大。

第五章

转化：压力给的机会你怕了吗?

毫无疑问，压力对工作和生活的意义经常令人爱恨交加。如果你的生活是一团糟，那么定是中了压力催眠的魔咒。当你抵抗或逃避压力时，你的处境只会变得更糟。当然，你如果足够强大，完全可以让压力饰演走上人生高峰的铺路石。压力是提高工作效率、改善生活的重要条件，你需要做到的，只是强调它的正面作用而已。你习惯用积极特质的工具来改变感知压力的方式，就能最大限度消除压力的负面影响。

1. 从掠夺者到保护者

陈岩是一家公司最普通的销售员，吃苦耐劳，踏实勤奋，但由于入行不久缺少资源，业绩并不是特别好。

某日朋友和他聊天。说到工作的时候，陈岩说他们都觉得压力太大，经常加班，缺少私人空间，而公司领导却一副剥削的嘴脸，从不关心公司超负荷的员工。说着说着，陈岩不满地抱怨说：如果让他来管理公司，他会让员工们在工作时间更加随意一些。比如，困倦的时候打个盹儿，偶尔打会儿游戏放松下，增设半个小时活动时间。当然，他对公司的意见从来没有上报过领导。

朋友说，如果你试着向领导说说看法，能怎样？陈岩默然不语。很显然，他是假设老板知道员工需求但从不关心。事实上，如果你有过开公司的经验就知道，陈岩的想法明显错了。

很多人像陈岩一样，他们认为自己就是工作的机器，每天辛苦的团团转，却拿着最微薄的薪水，生活在社会最底层。而自己的上司，公司的领导，全部是施压者，自己则扮演万年不变的受害者角色。

事实上，事情还有可能是另一种样子。

陈岩说，自从上次交流后，他回去就跟老板谈了自己的看法了。出乎意料的是，老板并没有把他开除，还夸奖了他的想法！于是他的工作时间里多了半个小时可以自由支配。这次的小小成功，给了他很大的激励，他工作得更加有声有色，之前关于压力大、烦恼、焦虑、愤怒等不良情绪全部自动消失。

虽然在上班时间愿意让员工“放松”的企业可能不多，但许多大公司的老板给员工最大限度的自由也是不争的事实。比如乔布斯时代的苹果公司、比尔·盖茨时代的微软，工程师们都以享受自由的工作环境而感到自豪。与此同时，奉行军事化管理的万达集团模式也数见不鲜。不能随意评判哪种公司的策略是正确的，毕竟它们都有各自的成功模式，而且人们的压力模式也各不相同。

对有的人来说，环境宽松的公司会消磨意志坚强者的斗志，他们更渴望越战越勇的环境，希望有更多的工作和更大的压力。不用惊奇，这种人在职场上并不少见。

所以，要想缓解你的压力，先要问清楚自己是什么类型的人，适合何种强度的工作。判断一下你是激进的掠夺者还是温和的保护者。

小测试：你是砧板上的一条鱼，刀子正向你挥来，如果想保命，你会怎样求救呢？

A. 交易战术："你放了我，我会献上龙宫里的宝物。"

B. 威胁战术："杀了我，你肯定会后悔的。"

C. 哀求战术："我家上有老下有小。"

测试结果：

A. 胸有成竹型。你有"只要干就一定可以成功"的积极乐观的自信，无论在哪个领域，你都想出类拔萃。通过在脑海里描绘自己的成功者形象不断激励自己，可以把这种想法变为现实。你能成为一个让人羡慕的人。

B. 信念笃定型。你明白自己拥有的能力，拥有挑战困难、摆脱逆境的强大力量。你能成为一个动员众人，给他人带来影响力的人。

C. 情感操纵型。你感情细腻敏感，有从平常的事物或素材中，提炼打动别人、安慰别人的能力。你能通过自己坚持不懈的努力来创造感动别人的东西。

认真分析你的测试结果，无论平时你显现出来的模样是怎样的强悍，如果你感到困惑无力，那是你错误地评估了自己的抗压生存能力，忽略了“本体感受”。

塞维·蔡斯曾因出演《疯狂高尔夫》一举成名，之后他在所有人面前都有一种优越感：“我是塞维·蔡斯，而你们不是。”这种盲目的骄傲让他完全丧失保持清醒的能力，不知如何自控制自我意识，最终事业走了下坡路。

对自己有正确评估的能力称“本体感受”。获得一定成绩的人经常想：“既然这样做也能够给我带来成功，为什么还要改变呢？”这就是不顾本体感受的一般表现。

要想回归自己的正确道路，你只需要克服一些行为习惯而已：

找出问题，明确对周围的人所产生的影响。压力能让你的内心变得更坚强，对加强人际关系，获得掌控感意义非凡。

压力能让你产生新视角。其实只需要在行为上做出一些细微的改变，就可以取得截然不同的效果。

让压力为你服务。试图抵抗和逃避压力只会起到“积累”的作用。压力来自于事件对你的意义，意义越大，压力就越大。只有忘记意义的存在，专注于事件本身时，才能暂时忘却压力。当感觉失去努力的动力的时候，想想奋斗背后的意义，让压力督促你继续前进。

2. 目标与压力的辩证关系

关于目标和压力之间的探讨，如同对决先有蛋还是先有鸡的问题。目标产生压力，越是伟大的目标，所“产出”的压力也就越大，反之也成立，越是势头强劲的压力，往往越能成就壮观的目标。

因此，之所以你现在还碌碌无为，不要找任何借口，就是目标不明确也不够坚定而已。

问自己三个问题：你为什么走这条路？会一直走下去吗？无论如何也要走这条路吗？

将问题代入工作中。你为什么会选择这份工作？会一直为工作服务的事业坚持下去吗？无论遭遇怎么样的艰难险阻，至死不渝吗？

将问题代入生活中。你为什么选择当下的生活状态？会一直享受这种日子吗？无论其他人多么飞黄腾达，你也会心如止水地安享当下吗？

认真听听你内心真实的声音，然后仔细规划一下目前看来不怎样的生活。你原本的生活目标，到底是什么？

贾飞想减肥，可是他去过健身房，骑过单车，办过羽毛球卡，但很遗憾，他都没能坚持下来。所以对贾飞来说，减肥大业也像空中楼阁，看上去那么可望而不可即。终于，他下定决心，找到一家号称“一个月重塑人生”的减肥机构。

他和工作人员来到一片大操场上，工作人员告诉他，现在要请他的陪练对象闪亮登场了。贾飞左看右看没见到人影。这时候，突然蹿出来一只大狗，直冲贾飞而来。天生怕狗的贾飞一声惨叫，做出了最本能反应——撒开两腿就向前跑，而大狗则不紧不慢在后边跟着，就这样跑了一圈又一圈，40分钟之后，工作人员把其实无害的大狗召唤回去，第一天的锻炼就这样结束了。

原来，减肥机构运用的方法就是给受训者施加压力，促使他们进行锻炼。贾飞与减肥机构协商后，竟然同意了这种减肥方式。一个月之后，贾飞和他的陪练已经成为好朋友，并且成功瘦身20斤。

很多时候，你的人生目标，奋斗目标给你带来的压力是巨大的。面对未卜的前途，人的内心往往充满焦虑。你服从现实的准则，内心就会受到质疑和谴责，而如果一味顺从自己，则可能走上不归之路。看上去，无论怎样选择，结局都是一样的，那就是你不会快乐。倘若能制定一个自我和谐的目标，再充满激情地全身心投入到自己要做的事中，不是很完美吗?

建立学习体制。丰富自己的能力和知识，拓展上升空间和交际空间，当人到达一定高度之后，所看到的风景是不同于普通人的，而无论是选择职业的成功还是轻松的生活，高度，绝对是让你感受到更丰满幸福的重要方面。

适当冒险。制定宏大的目标本来就是人生的一大冒险。若期待成就自身，虽然要经历艰辛，但为了实现目标，必须付出，抗压前行。

分解、制定目标，建议首先写下具体项目，列出时间表和条目，严格执行逐一实现。比如你的目标是今年拿到销售额前三的成绩，三年后要挑战销售副总的职位。这就是一个宏大却并非不切实际的目标，并且可以通过努力实现。

励志大师韦恩·德怀尔说，你可以通过一个人的私家车里的陈设发现他头脑的状态。有秩序的陈设、整齐的生活环境，表明了人掌控周围环境的能力。而掌控事情的发展能力，对人摆脱各种压力的束缚至关重要。

生活并非忍受痛苦，挑战极限的马拉松，不是必须一刻不停地跑，才能保证不被人甩在身后。生活其实是一个个目标构架而成的，即使这些目标小如珊瑚虫，也会最终累积成漂亮的珊瑚树。重要的是，你不能随波逐流，丢失自己的目标，也不能随心所欲，把目标变成痛苦的来源。当一切都变得可行的时候，才能获得充满成就感的真正的快乐。

3. 别忽略身边能够支持自己的人

在职场中，有时候你会忙到怀疑人生；在生活中，有时候你会觉得自己四面楚歌。这种情况并非常态，但如果爆发，对人会产生心理压力像原子弹般强大的威力。比如，身体会出现感冒、头痛等各种压力反应，心里会感到孤独、恐惧、焦躁不安，简直像一个随时爆发的炸药桶。

要改变这种状况，让自己肩头的压力变小一些，从根本上来讲，必须首先抛弃“事必躬亲”的习惯。一旦不能完成，会产生严重的自我怀疑，自我否定，进而变成一种习惯的心态，让你永远被压制在“无能”的帽子下永不得翻身。但这种情况并不是不可改变的，你可以通过培养其他的习惯将其慢慢消除。

凡事都要靠自己，虽然理智而励志，但不是说闭门造车。

聪明授权，你的生活才更加轻松快乐。

很多时候，你选择性忽视身边能帮助你的人，无非就是因为防备心理。简单说来，就是“嫉贤妒能”，害怕别人在解决你不能完成的任务后得到更多的机会，威胁你的地位。

心理学中有一种“贝尔效应”，是说只要想着成功，就一定能达到满意的结果。如果你想得到别人的帮助，结果就会顺应自己的想法。

其实，当你适当授权时，你不只帮助了自己，也帮助了别人。你对倚靠者敞开心扉，是不会引起旁人的防备心理的，而有人愿意追随你、支持你，则是修炼成功领导者的关键所在。

宋朝太尉王旦曾经专门在皇帝面前夸赞寇准的长处，推荐他为宰相，但寇准却多次在皇帝面前痛陈王旦的缺点。

有一天，皇帝忍不住对王旦说：“你虽然夸赞寇准的优点，可是他经常说你的坏话。”王旦却说：“本来应该这样。我在宰相的位子上时间很久，在处理政事时失误一定很多。寇准对陛下不隐瞒我的缺点，越发显示出他的忠诚，这就是我看重他的原因。”

有一次，王旦主持的中书省送寇准主持的枢密院一份文件，违反了规格。寇准马上将此事向皇帝汇报，王旦因此受到责备。然而事隔不到一个月，枢密院有文件送中书省，结果也违反了规格，办事人员兴奋地把这份文件送交王旦，以为王旦定会报复寇准，可他没有这么做，而是把文件退还给枢密院，希望他们修正。对此，寇准十分惭愧，见到王旦时便恭维他度量大。后来，寇准升任武胜军节度使同中书门下平章事，寇准感谢皇帝对他的了解。不料皇帝却说："此乃王旦的推荐。"从此，寇准更加敬服王旦。

王旦做宰相12年，推荐的大臣十几个，大多很有成就。王旦身上体现出来的，就是我们所说的贝尔效应。

贝尔效应给我们的启示是：放手用才，敢于任用能力比自己强的人，这不仅是给有才干的下属创造脱颖而出的机会，也是给自己一个"放下"的机会。

回顾一下，在选择自己的支持团队的时候，你要注意这些问题。

首先，人类会选择和自己"意气相投"的人做朋友，甚至在组建工作团队时也非常明显。通常意义所说的"一朝天子一朝臣"就是这个道理。然而，如果你是优柔寡断型的人，选择同样柔弱的人做朋友，会忽略那些会给你支持、鞭策与真实回馈的人。因为真正支持你的人，一定推你往前走，尽管采取的方式你不喜欢。拒绝他们，等于你内心没有继续的勇气，太想停留在原地了。

其次，选择职场中支持你的团队成员，不是让你形成“非组织性行为”，与几个人组成私下的亲密关系，来排挤其他同事。

第三，积极融入优势互补的团队。压力来源于“无能为力”，如果你是技术型人才，不妨和市场型人才保持沟通和互助关系。只有弥补当前资源能力的不足，寻找所需要的配套成员，才能更加有效地推动工作进步。

如果不能完成计划内的事情，那么你就应该向他人求助了。你可以采取以下清晰、具体的步骤，但千万别因自己无法独立完成感到自责或失败。没有人是全才，没有人的时间一天会是25小时。因此，当你的时间预算透支时，不要担心会被人评判能力不足，要首先把它看作是你需要调整自己环境的信号。

请求“援助”的技巧：

列举事实：详细分解、说明每项工作需要的时间以及与要求结束时间的冲突，可运用图表将工作量与时间的不一致性直观展示出来。

协商沟通：给工作设定优先级，降低某项不重要任务的优先级，或委托他人来做，这样你就不会被认为是乱发指令，而是在努力和同事一起战斗。

来自于旁人的支持，会让你坚持往前，只要用正向乐观的态度去看待这种支持。不论是工作或是生活，你总是需要一些支持和肯定的回馈，让你在迈步往前的时候不觉得孤单与痛苦。

4. 实现梦想：用习惯下个赌注

每天醒来，你会做什么？边喝咖啡边看微信，还是先把屋子收拾利落，或者去楼下散个步，顺便买点早点？无论是什么样的生活，那都是属于“你自己”的，你活成自己想要的样子，习惯了当下的生活。

习惯性思维，是人们最重要的心理活动，它是人类从事日常工作和生活的灯塔。查尔斯·杜希格在《习惯的力量》中写道：“人每天的活动中，有超过40%是习惯的产物，而不是自己主动的决定。虽然每个习惯的影响相对来说比较小，但是随着时间的推移，这些习惯综合起来却对我们的人生有着巨大的影响。”

如果你想成为优秀人才，必须让优秀成为习惯。或许改变行动方式开始不习惯，甚至你认为承受了巨大压力，但实际上当作为变成了“本能”之后，会发现原来恐惧的东西神奇地消失了。

比如，当重大的工作降临在你身上，如果之前完全没有经历过，那就会“如临大敌”，做起来更是“如履薄冰”，若习惯了重要工作，就完全没有手忙脚乱的感觉了，一定会自信从容。原因无他，习惯了挑战而已。习惯，能极大地减轻压力的负担。

当然，对于普通人来说，之所以普通，因为你有太多的坏习惯扯低了人生的高度。

按照真实情况给你每天的生活列个清单，会发现自己每天花费在电视剧、智能手机、聊天软件上的时间比全速工作时间要长得多，甚至有的人习惯了工作5分钟、10分钟就刷一下朋友圈和淘宝，他们以为这样不会影响工作，还是一种工作压力下的调剂。其实不然。不能全神贯注投入工作的坏习惯，会加大时间支出，导致无法及时完成工作，只好加班，进而演变成更加沉重的压力。这是多么沉痛的领悟！可是，为什么明知道这是一个坏习惯却不能改变呢？

这就得从替换定律说起。

所谓替换定律，就是当你有一项不想要的记忆或者是负面的习惯无法完全去除掉，只能用一种新的记忆或新的习惯去替换它。也就是说，如果你想形成一种好的习惯，不需要彻底粉碎曾经不好的习惯，而只需一键更新，再造一个新行为习惯。比如，给自己设定个升级版——让成功的念头成为习惯。

查尔斯·杜希格在《习惯的力量》中曾提出了一套习惯建立理论模型，叫作habit loop。这个模型由三部分组成：Cue（提示）→Routine（惯例）→Reward（回报）。

分析你在无意义的事情上花费时间的做法，其实是为了解决压力。首先，你感受到压力的存在（cue），然后听从习惯的安排（routine），干掉压力，得到良好的心理体验（reward）。选择做习惯的主人，还是被习惯所奴隶，完全在于你的选择，当你努力改掉一个坏习惯的时候，一个更好的自己便开始出现。

你需要做出的改善：

电子媒体：每天看手机、IPAD、电脑的时间长达十几个小时，你以为从微信等处学习了知识，但实际上看到只是知识片段，对你毫无帮助，长期依赖手机还会让你离群索居。

追求完美：力争把事情做好便可，不必那么挑剔。不管别人做了什么，要怀有感恩之心，适度地降低预期水平，从而减轻压力。

提升自控力：自控力较差的人最有可能产生牢固的习惯，当随着意志力耗尽的各类事情发生——参加考试，完成难解的脑力工作，试图用不寻常的方式完成日常活动，习惯性行为也会出现。甚至一向意志力和自控力低的人，愈发依赖于习惯。

不随意介入别人的事：如果为了某些朋友，为了友情，很轻易地介入别人的生活，介入对方面临的困境，那么你就会承受一定的压力。当人们接近别人的压力圈时，就会向大脑发出感到担心的信号，让人容易做出承受压力的仿效行为。

5. 把恐惧变成挑战

你有时候很羡慕成功的那批人，也会做做白日梦。但一想到他们为今天的成就所付出的，就发怵了，还是眼下的不成功的轻松状态好。如果你觉得自己对于某些道理“知道却做不到”，你就要问自己：我真的想做到吗？我为什么想做到？为了做到，我愿意付出多少？这值得吗？我在恐惧什么？

很多时候你发现，成功是你想要的，不吃苦也是你想要的。两者不可兼得，还是选择后者吧，吃太多苦会死，不成功却不会死。

你恐惧现实，没有接受它的挑战。

假如你成了个果断，能自由操控自我的人，你会有什么感觉？会适应这种失去挑战的生活吗？

对很多人来说，不是恐惧压力，而是害怕与压力抗争之后没有任何改变。所以，挑战什么的，挫折什么的，还是交给别人好了。这样荒芜着人生虽然没什么过错，但也不会给生活带来激情和改变，永远一脸loser的模样。

如果你习惯了在遇到问题时说“我试试看”，你会感觉自己活力满满，坚不可摧。要知道，人生赢家是一种思维习惯，而不是能力和资源。你的潜意识里怎么评价自己，你就会有相应的思考习惯，继而就会产生与之对应的结局。

两种不同的想法，会把人生推向不同的结局。

你认为自己在哪，你就会在哪。

相貌平平的女孩阿丽在上学的时候非常自卑，因为周围的男孩在对女孩评头论足的时候，偶尔会提到她，把她作为反面教材。比如，“你看，她眼睛真小，脸上的痘痘太多了，又胖又矮！”“跟阿丽走在一起，更显得小雪漂亮了。”“你看她的表情，真像僵尸！”“你看到她穿的衣服了吗哈哈，太好笑了，不会是她妈妈的花衬衫吧？”……

阿丽听到这些话非常伤心，渐渐地她害怕出门，害怕去学校，害怕跟同学朋友接触，她感觉全世界都在嘲笑她这个丑八怪。为此，她不知道偷着流过多少次泪。

阿丽问自己，往后的日子，是不是一直要这样度过呢？外界给她造成的心理压力太大了，以至于她有了自残的念头。最后，她和几个女生组成了不良少女团体，学会了打架抽烟，纹身，玩摇滚，夜不归宿，竟然觉得这样的生活轻松多了。

十几年后，曾经的小混混阿丽变成了什么样子？

在某个高档写字楼中，阿丽是一家中型公司的老板。她没有因过去的行为而继续堕落，她患有小儿麻痹症的妈妈在一个雨夜把她从迪厅中拉了出来，她才突然明白自己做了什么。于是她选择跟命运抗争，跟恐惧作战，最后不光拯救了自己的人生，还收获了美妙的事业。如今，当属下来找她抱怨工作的时候，她会温和地说，再试一次！恐惧、逃避只会使压力更大，你逃避了事情，但却没有结束。翻过一页日历，工作还得完成。所以不如鼓起勇气挑战一下，收获的不仅是成功，还有更加强大的力量。

对于普通人来说，面对恐惧，逃避是首选，而从没有想过一次尝试或许能改变人生。直面困难，在最短的时间内解决它，是绝对的真理。其他所谓减缓压力的方法，不过是将急症变成了慢性病。相信现在，勇敢而果敢，不拖延、不疑惑、不揣度，明天自然不会太差。

6. 制造“心若盛开，蝴蝶自来”的感觉

我们都有过这样的体验。看到身边的人打哈欠，没过多久你也跟着打哈欠，甚至周围的人都开始哈欠连天，此起彼伏。如果在旅游的队伍里有人说太累了，那么你也会突然觉得很累。其实，这种“传染”的现象不仅是物理反应。当身旁的人有消极、不安、压力等情绪和体验时，是极容易传给周围人的。比如，如果你视野内有人感到焦虑并且表现力非常强，不论他是否说话，你都很有可能被这些负面情绪感染，而且你大脑的运行也将受到影响。

当你在超市排队结账的时候，排在前边的人身上产生了焦急情绪，不停地跺脚、叹气，于是原本笃定的你也开始感觉焦躁；你在公司准备开始工作，老板沉着脸叫其他同事面谈，你的心里也开始惶惑不安，好像老板请你去了一样。这往往就是

互动的条件反射，周围人极其微妙的变化都会成为你二手压力的来源和线索。

生活在这个世界，每个人都有自己的生活方式。有的人虽遇坎坷却应付自如，轻松愉快地生活着，始终保持着良好的心境；有的人却在平坦的道路上屡次跌倒，生活得沉重压抑，自叹命运坎坷。

火车上，坐着一对夫妻。先生彬彬有礼，而太太却一路上不停地抱怨着。不是嫌椅子脏，就是嫌孩子哭声太大，不然就骂车上的服务员态度不好，好像没有一件事让她觉得满意，让她看得顺眼。先生礼貌地跟邻座的人打招呼，当别人问他们从事何种职业时，先生说："我是工程师，我太太是制造家。"别人好奇地问："尊夫人制造什么产品？"先生笑着回答："她专门制造不愉快！"

专门带来负面情绪的人在你的生活中大有人在。有人总是抱怨，有人专门攀比，有人每天沉着脸，他们阻止着你简单的快乐，给你施加巨大的心理压力。

蔡康永曾经说过："小S是个很好玩的人，她个性本身就是很乐天，很有活力，这个朋友让我觉得活着是一件很值得、很舒服、很有趣的事。有的人会让我觉得活着很没劲，碰到他会把我的能量都吸走。”

情绪是会传染的。跟快乐的人在一起，生活特别美好，跟悲伤的人在一起，生活处处绝望。好了，现在将负能量的人清理出生活，腾出空间来接纳快乐的朋友，你的生活自然“蝴蝶自来”。

保持“心若盛开”的训练方法：

感恩清单。在20天内，每晚睡觉前将三件感恩的事情大声说出来，或者记录到小纸条上塞进许愿瓶。其中一条和工作有关，它能帮助你清理掉职场中的憎恨，心生光明。

回忆快乐。快乐能提高工作效率。当你沮丧的时候可以回忆曾经得到的成绩，对自己说，一切都会过去，我可是驾驭工作的强者，没什么大不了。

按喜好装点自己的区域。一天大部分时间待在办公室，如果不把自己的空间装点得符合心意，难免会容易令人沮丧。你用喜欢的植物或其他小饰物装点工位，可以营造出安全感，让你更加轻松。

记日记。神经科学家发现，将消极情绪写下来或说出来，就像给其泼了一盆冷水。这一做法虽然简单，却能够显著缓解不良情绪。

与人为善。面对压力和挑战，成功最重要的因素就是人际关系的数量和质量。多与正能量充盈的人在一起，每天都充满希望。

提升自我价值。当你成为一个拥有独立自我，边界清晰的人，负能量的人自然就会绕开你的。

在平时的生活和工作当中，不但要认真，还要学会放松自己，尽量不要压力太大或是有压力的时间太长，不要跟情绪容易崩溃的人待在一起。实际上，你应该会有这样的体验：当你感觉自己战胜了压力，完全搞定一项工作时，许多好事都会随之发生。你可以享受那种完成的快乐。你会觉得很轻松，可以往前迈进了。除此之外，你也会尊敬自己，别人也会觉得跟你工作很安心。你传递给人的讯息是“你可以信任我”及“我是值得信赖的”，这让人们愿意将工作交给你，希望你成功。这种感觉，是不是非常愉快？

第六章

压力是未来的规划师

关于未来，你能看到希望或者绝望，但看不到的压力无处不在。压力的诞生，是随着你的规划出现的。而当你能自如规划工作和生活时，压力就不再具备压垮你的力量。面对问题，有效规划优先次序，妥善处理，你会发现所有的问题都是平等的，压力好像从未光临过。

1. 心的位置对了，就都对了

每个人都是独立的个体，在正常情况下会老实地按照自己想象的模样塑造着生活，Be the best you can——做最好的自己。然而，要做最好的自己哪有那么容易。受成长环境、生存环境的影响，你会永远在别人身上寻找自己的影子。你对自己不满意，一门心思地努力成为所有人的目标，你给自己设定的目标越来越高，越来越远，不惜牺牲自己的快乐，自己的舒适，甚至铤而走险。于是，你的压力如滔滔江水，连绵不绝。

工作，钱，房子，家庭，朋友圈，地位，名声……你把心放在哪里，哪里就是你的劫。

当你在慨叹不如意的时候，是否想过，如果把心态放平和，位置摆端正，是不是就没有那么大的心理压力？

张曼玉在事业巅峰之际隐退。她告诉谢霆锋，自己曾深爱电影事业，但不喜欢做明星。因为拍电影化妆要5小时，有时要等6个小时拍一个镜头，而她还有别的事要做。为什么一定要做电影明星呢?

后来张曼玉还真是说隐退就隐退，说改行就改行。当大家再次看到她的时候，女神造型杀马特地出现在舞台上唱歌，虽然唱得远不如演得好，但她就是喜欢。她把自己摆得很正。不用太多光环，不用众星拱月，做喜欢的事情，随便大家说去，很好。

她学习剪辑，录音，做音乐，48岁以音乐人身份重出江湖，勇气可嘉。

她不在乎成功或是失败，感到愉快，即是成功。

F1赛车偶像级人物莱科宁，鼎盛之时毅然放弃了万众注目的F1赛场，去参加低级别的轿车比赛。很多车迷都觉得可惜，可是莱科宁的脸上却不再一贯的冷峻，而是洋溢着融化冰山的笑容。他说，为什么要按照你们认为的那样活?

心的位置对了，就都对了。压力什么的统统都是纸老虎。

只有违心地去做事做人，才会让生活面目可憎。

你要成长为你内心所希望的那样，而不是别人所希望和看在眼中的那样。再简单一点说，做让自己快乐的事情。

最大限度地发挥天赋，努力成为你热爱领域内出色的人，因为只有站在峰顶才能看到美景。

告诉他人你的计划，不要不切实际地空想，要拿出实际行动来证实你要成为榜样的决心。

保持初学者的心态，对这个世界永远充满好奇、求知欲、赞叹。

正确理解犯错。你要把错误当成一个警告而不是永远的失败。

打破教条。你的时间有限，不要为别人而活，不要被教条所限，不要活在别人的观念里，只有自己的心灵和直觉才知道你自己的真实想法，其他一切都是次要的。

放弃试图改变你不能改变的事情的念头。当你意识到并且接受生活的残酷，问题才会变得简单。学会适应和在斗争之上生活，才会使人成长、成熟。

最后，记住！你的生活，你拥有绝对的自主权，给自己一个培养自己创造力的机会！

2. 有价值的忍耐

“鸡汤”告诉人们，努力工作，隐忍刻苦，尽管会经历许多挫折，但最终会迎来成功。许多成绩出色的人的人生经历确实如此。

小贾是一家公司西南区的执行总监。说起学历，不低，国内名牌大学研究生。但论起情商，相同级别的同事都比他要高明，小贾所占的优势无他，唯技术而已。小贾之所以在公司发展得不错，用他自己话说，无非“只是因为别人太不努力而已”。

在工作中，能够尽职尽责就已经很不容易，少有人做到的“全力以赴”。对你来说，工作是什么？工作不应该只是养家糊口的工具，也不是道义与金钱关系对等挂钩，它是你必须完成的任务，是你的理想。所以，在职场环境中，你需要忍耐，再忍耐，磨炼自己的性格，锻造自己的职业技能。

但是工作充满了琐碎的东西，充满了压力和紧张。通常情况是，你说自己办不到，你无法忍受加班、考勤、出差、临时委派的工作、人际关系等职场压力，你会不由自主地注意那些没有完成的工作，或即使已经完成，你也可能会认为用另一种方法完成会更好。你眼中所见的世界会充满缺陷，你变得沮丧而易怒。

为什么会这样呢？可能是因为你有一双希望世界高效率运作的眼睛和不停告诫自己离开效率产生的压力圈子的心。简单说来，你不能忍耐成功前的孤寂，就像挖了很多口井，总是快到含水层时候放弃的挖井人。

有一个年轻人毕业后到一个海上油田钻井队工作。在海上工作的第一天，领班要求他在限定的时间内登上几十米高的钻井架，把一个包装好的漂亮盒子拿给在井架顶层的主管。

年轻人抱着盒子，快步登上狭窄的、通往井架顶层的梯子，当他气喘吁吁、满头大汗地登上顶层，把盒子交给主管时，主管只在盒子上面签下自己的名字，又让他送回去。于是，他又快步走下梯子，把盒子交给领班，而领班也是同样在盒子上面签下自己的名字，让他再次送给主管。

年轻人看了看领班，犹豫了片刻，又转身登上梯子。当他第二次登上井架的顶层时，已经浑身是汗，两条腿抖得厉害。主管和上次一样，只是在盒子上签下名字，又让他把盒子送下去。年轻人擦了擦脸上的汗水，转身走下梯子，把盒子送下来，可是，领班还是在签完字以后让他再送上去。

年轻人终于开始感到愤怒了。他尽力忍着不发作，擦了擦满脸的汗水，抬头看着那已经爬上爬下数次的梯子，抱起盒子，步履艰难地往上爬。当他上到顶层时，浑身上下都被汗水浸透了，汗水顺着脸颊往下淌。他第三次把盒子递给主管，主管看着他慢条斯理地说："把盒子打开。"

年轻人撕开盒子外面的包装纸，打开盒子——里面是两个玻璃罐：一罐是咖啡，另一罐是咖啡伴侣。年轻人终于无法克制心头的怒火，把愤怒的目光射向主管。

主管又对他说："把咖啡冲上。"

此时，年轻人再也忍不住了，"啪"的一声把盒子扔在地上，说："我不干了。"说完，他看看扔在地上的盒子，感到心里痛快了许多，刚才的愤怒发泄了出来。

这时，主管站起身来，直视他说："你可以走了。不过，看在你上来三次的份上，我可以告诉你，刚才让你做的这些叫作'承受极限训练'。因为我们在海上作业，随时会遇到危险，这就要求队员们有极强的承受力，承受各种危险的考验，只有这样才能成功地完成海上作业任务。很可惜，前面三次你都通过了，只差这最后的一点点，你没有喝到你冲的甜咖啡，现在，你可以走了。"

在生活和工作中，有很多事情让你受尽"折磨"，但大多数情况是，你只需要忍耐一下就好了。比如你在任何一个职位上若是没有先天优势的话，都必须从底层做起"熬出来"，就这样绝大部分人都阵亡在碌碌的基层锻炼的几年中，而忍耐下来、存活下来的现在都是成功者了。处理人际关系如此，处理家庭关系如此，处理商战亦如此，只要能克制自己的愤怒，保持面带微笑的大将风度，那么你将无往而不胜。

忍耐是痛苦的，因为忍耐压抑了人性。但是，成功往往就是在你忍耐了常人所无法承受的痛苦之后，才出现在你面前的。千万不要只差那么一点点就放弃了。

除非你改掉过分关注别人还有什么事没完成的习惯，从忍耐中注意自己能从工作中获得什么，包括经济上的和精神上的。换句话说，要承认做个高效能的人只是你自己的选择。这种选择给你带来不少好处，它让你觉得自己的效率还不错，你能完成任务并完全发挥自己的潜力，每天完成固定的工作量，还能帮助你减轻焦虑。

当你坚持不下去的时候，问自己几个问题："我是因为别人的要求才这样选择吗？"或者"我用这样的相处方式，是不是为了让别人感到压力？"当然不是。你的选择是由你自己的能力、爱好与成功欲造就的，因此选择了压力的同时要评估利害关系，学会刻苦和忍耐。

3. 自控力是转化的艺术

你一定曾经听过那些生活中的失败者，说过类似的话：

“好像我特别容易被情绪影响，心情一差，什么都不想做了。尤其是工作的时候，本来很有激情，有干劲，突然间心情不好，就什么都不想做了。然后一直拖延或者对抗领导，生活看起来变成一团糟。”“特别羡慕班上有些学霸，雷打不动地上自习、做习题，好像心情从来不曾有过什么起伏。”“我觉得那些在工作中能一直在各种压力中存活的人特别厉害。他们雷打不动每天通勤，好像他们就喜欢加班似的。”“我的脾气太差了，总是控制不住发火，和家人的关系一度很紧张。”……这些自我控制缺失的情况每个人生活中都或多或少存在过。很多人总会因为情绪的影响而暂时搁置工作，进而产生焦虑压力。

自我控制是个人对自身的心理与行为的主动掌握，表现为人的意识对自我的协调、组织、监督、校正、调节的作用，使自己的整个心理活动系统作为一个能动的主体与客观现实相互作用。是否能够有效管理自己、按部就班地完成计划、实现想要的人生目标，自控力起了非常关键的因素。

在你身边，那些你所熟悉或者羡慕的每一个懂得自律、能够严格按照计划、一步步实现目标、走向成功的人，都是高级的自控者。他们知道如何在善变的环境中，让自己保持一份平静和克制，在奋斗中也不会离目标偏离太远或太久。自控力，无疑是成功人生重要的素质。

感到情绪逐渐自控的时候平静地想一想：

事情对你影响有多大？

想想自己拥有了什么，而不是损失了多少。

认真过好今天。如果只有今天才是你的生命，你还会再让失控的情绪打扰吗？

人各有各的脾气，即使再好脾气的老好人，也有情绪失控的时候，修炼自我控制策略是必要的，当暴走行为发生之前，当熊熊燃烧的怒火摧毁一切之前，如果学会自我控制和自我调节，相信你能想出更好的解决问题的办法，从而将失控造成的不利局面的发概率降到最低。

必要的自我控制的策略在学习的时候，需要掌握以下方法，然后有意识地进行逐步的调节：

杜绝情绪化。情绪化是自控力的大敌，练习自控力，其实没有想象中那么多的阻碍。

三思而后行。冲动型的人自控能力都比较弱，特别是在压力较大的时候。在脾气爆发之前请先深呼吸，平静心情，先花上十几秒钟“降火”，再想想是否应该这样做。

预估后果。根据自己以往的生活经验或他人的经验想一想这么做会有什么样的结果，自己个人以及周围他人会产生哪些有利的和不利的影响，在此基础上，对自己的行为进行调控，采取适宜的行为方式。

培养移情能力。移情能力是站在他人角度，感受其情绪反应的能力，即有意识地培养和提高同理心。当你站在他人角度看问题的发生发展的时候，你可以调整和控制自己的行为，从而提升自控力。

饮食控制法。平时饮食上要少吃肉，多吃粗粮、蔬菜和水果。因为肉类使脑中色氨酸减少，大量肉食会使人越来越烦躁，对行为产生不利影响。

4. 实现不可能

故事一：亨利在华尔街一家会计公司工作。他是首席会计师，每天的工作异常繁忙，同时，他又非常爱自己的家庭。他每天是这样的：早晨离开家，很晚才能回来，或者到处出差；孩子们一天天长大，他基本没有时间和孩子们在一起；他缺乏睡眠和运动，每天都精神紧张。有一天他说：够了！这不是我要的生活！我要改变这一切，不管是否影响收入。于是他选择了离职。

故事二：一个年轻人讲述自己的经历。“我上的普通大学，毕业后很久都没找到合适的工作，在三年内我换了五份工作，每份都不怎么合适。现在，我觉得自己就是一个彻底的失败者，再找工作，肯定还是做不长。怎么办，我只能灰溜溜回家吗?

故事三：二十出头的李涛在淘宝兴起之后做起了电商，但是好像运气不太好，没赶上最赚钱的时候，却陷入强有力的竞争。在这种情况下，继续参与商业竞争是死，走出来做实体形势也不好，李涛一咬牙，转做他开始时不屑的微商。后来，他成功了。

这三个案例有个共同点：主人公在经营人生的过程中，都感受到当前的不佳状况，进而产生改善的念头。一部分人拿出实际行动，与当前的命运抗争，一部分人感到无能为力，继续咬牙坚持，或者沉沦。而在积极改变的人中，最终也仅有少数能获得成功，其他人则重新陷入痛苦的轮回。这就是为什么你一边努力，一边失望的最终原因。

20世纪50年代，合理情绪疗法（认知行为疗法）在美国诞生。在一般认知中，人们通常认为事件引起结果，而合理情绪疗法认为行为后果才是导致事件发生的原因，进而产生信念。这些信念有正确的也有错误的，错误信念也称为非理性信念。常见的非理性信念有三种：

绝对化要求："我一定要成功""我必须打败他""我注定做不到"。

过分概括化：“我很失败”“我能力不行”“我很自卑”。

糟糕至极：“一切都完了”“我肯定有病”“人生没有意义”。

击败非理性信念，让“我思考一会儿”“我愿意接受”代替否定的想法，你会发现一切还不那么糟糕。

你并不是害怕犯错，而是害怕犯错后的未知境地。

泰戈尔曾写道：“人总是要犯错误、受挫折、伤脑筋的，不过绝不能停滞不前；应该完成的任务，即使为它牺牲生命，也要完成。社会之河的圣水就是因为被一股永不停滞的激流推动向前才得以保持洁净。”

所谓的命运其实就是一个个选择构成的。你会发现，遇到一些事情时，你总会发怒，而且你总是遇到同样的麻烦，遇到相同的人。你和老公之间的某些问题总是会出现，即使换一个人，你还是会遇到同样的障碍。如果你不去觉察，你就会一直被这些问题困扰，其实这就是“命运”。

科学家研究发现，不断重复犯同一个错误的人的大脑不够活跃。简单说来，就是虽然你在犯错误之后，信誓旦旦自己会吸取教训，下次保证不再犯同样的错误。实际上当相似的事情找上门来的生活，你仍旧会犯之前犯下的错误，因为你不会真正从已有的经验中学习知识，也就不会告诉大脑对事情的正确处理方式。

改变平庸人生的方法是什么呢?

世上无难事，把做什么都“先放一放”或者“明天再来做吧”的念头变成立即行动。

不惧他人的目光，直面真实自我。

与其把钱用在吃喝玩乐上，不如拿来自我提升。

无论何时都必须保持好奇心，不甘于每天的按部就班是改变的开始。

告诉自己明天一切改变都可能发生，你不能坐以待毙，要主动出击。

5. 杀不死你的，都会令你强大

每个人在成长的过程中，都会为奋力寻找自己的未来。在这条路上，不论你出身如何，加入怎样的人群，相信在自己的选择路途上都会勇敢坚强，为了所梦想的生活而活。而接下来的继续努力，都是为了不辜负曾经的隐忍和坚持。

尼采说：但凡不能杀死你的，最终都会使你更强大。

在生命的逆境中，非凡的自我治疗、复原能力，可以助你走向成功。这在心理学上是一种“回弹理论”，即人受到心理创伤后的自我恢复能力。很多人都具备这样的能力，所以能够顺利从人生低谷中走出来，回首当初如“世界末日”的可怕往事，像是在看别人的电影。“回弹理论”的核心：即使生活抛弃了你，你自身强大的自我修复能力也会使你免于支离破碎的命运，能够重归发展之路。

当人生走到绝境的时候，过程异常痛苦，如果不具备足够的信心和勇气，很容易放弃。痛苦之际，脆弱之后，有人会被激发出强大的力量，置之死地而后生，有人会将“一定获得成功”这句话当成活下去的希望。最终，当真的迎来光明的时候，你会倍感愉快。杀不死你的让你更强大，因为只要活着，你的未来都是在反弹。

1942年，鲍里斯·西吕尔尼克的家人死在奥斯维辛集中营。他曾有很长一段时间，“感觉自己心脏的位置上像是戳着一段木头，我的脑子像一堆稻草，就是非常可怕、骇人的怪物。这不是个比喻，这就是我当时的感觉”。后来，女教师玛格丽特·法尔日收留了他，庇护照料他整整一年，这给了他一个承受生命之重的支点，并促使他走上精神病学研究之路，探究人类创伤后重建自我的秘密。

最后，成为著名神经精神病医生的鲍里斯·西吕尔尼克结合自己的经历丰富了“回弹学说”：受害者并非天生注定，我们都有一种恢复和成长的力量，我们都可能升起希望之帆。只要在受害者身边存在一个可以求助的对象——这也是心理修复过程的必要条件，那么他们就有可能经受住最惨痛的不幸，甚至有可能出现“心理反弹”。

然而，“自我恢复”并非一种类似于“善良”或“慷慨”的特质，只是一种能力，一种行为，有些人能做到，有些人则不能。谁能从创伤中恢复过来？谁又会因承受不了而崩溃？什么时候，学校或企业将会在录取学生或求职面试的场合里，使用自我恢复能力或抗压能力的测试，以确保招纳到最强的人才？但是请注意，不要把“自我恢复能力”与“强有力的个性”混淆，否则，所有心理测试人眼中“自我恢复能力”不够的人，都将会在社会游戏中被淘汰出局！

他们在恢复的过程中，曾经用这些方法变得更强大：

大哭一场，尽情发泄情绪，好好睡一觉。

剪头发、健身……改变自己当前的形象有助于精神复原。

忘掉过去的荣辱，重新开始新生活。

多与亲戚朋友交流，获得别人的支持。

训练自己，逐步缩短每次感到绝望的时间。

别把自己想象成唯一的失败者。

击败颓废。这个世界唯一不变的真理就是变化，任何劣势、优势都是暂时的。

6. 生活本该专注而从容

如果说人生是一段行程，在这条路上，很多岔道能将你引入歧途。在大大小小的岔路上，有数不清的陷阱和诱惑。而你在追求的，正是这些干扰幸福从容的东西，却不自知。所以，有无数个日日夜夜你感到痛苦。

职场是最能让人切实体会到压力的场所。很多人在工作中忙得看似风生水起，实则鸡飞狗跳。他们觉得忙碌就是成功，成绩就是成功，殊不知高速运转之后，身体会不那么从容。生活就是这样：你以工作为生命，健康就抛弃你；你以家庭为中心，社会就抛弃你；你以自我为全部，世界就抛弃你；你以成功为荣耀，真实就抛弃你……鱼与熊掌不可兼得，生活只让你“取其一”。

好吧，这一切你都清楚，但就是做不到专心致志。你让自己的生命用“既……又”造句，变出数个“分身”，试图追赶超这个世界。但是，真正能做得到的人生赢家，又有几人呢?

斯坦福的一个研究小组发现：一心多用的人，同专心于一事的人相比，记忆能力低效，多任务间切换缓慢。而能在多个领域成功的人，被认为是具有天赋。事实果真如此?

以下是一组试验，被测试人员分成两组，一组是生活中经常一心多用的人，一组是一心一意处理事情的人。

第一个实验（测试集中注意力），研究者将两个红色长方形单独地或与多个蓝色长方形一起展示给被测试人员。每次快速地进行两次展示，然后要求被测试人员判断这两次展示中的两个红色长方形的位置是否有改变。

研究发现一心多用的一组常常受到蓝色长方形的干扰，导致结果非常糟糕；而另外一组很少受到蓝色长方形的影响。

第二个实验（测试记忆力），研究者向被测试人员展示一序列的字母。一心多用的人很难有效地记忆这些字母出现的顺序（当某个字母重复出现的时候），专心的人在测试结果上明显好于前者。

第三个实验（测试多任务切换），研究者连续地展示一个数字和一个字母给被测试人员，并要他们注意其中一项，然后判断数字是奇数还是偶数，或者判断字母是元音还是辅音。结果同样是越是重度的一心多用者，其测试结果就越糟糕。

明确目标可以让你的努力不偏离方向。同样是在工地打工，搬砖，不同的人有不同的心态，有不同的目的。专注于自己的目标，能让你在享受到工作乐趣的同时鼓励自己继续坚持下去，明确的目标对于保持激情、克服半途而废来说是非常重要的。

工作越简单，完成的工作就越多。但并不是做完工作就万事大吉，你应该挑选那些重要的、有决定性的工作做。而大部分人都在忙着做那些无关紧要的事，把时间浪费在对自己和工作没有任何价值的事情上。

45分钟工作法则。把所有时间都利用起来被认为是高效工作的先决条件，实际上，你不可能一天24小时都保持高效状态，甚至2个小时都不行——人的精神是有限的，只能集中一段时间的注意力。所以，把工作分解，45分钟做一部分，然后休息，再工作，效果更加理想。

7. 清理人生的垃圾，简洁高效地生活

很多人的生活只有两种状态：忙碌或者更忙。而这正是让人生充满不快乐的症结所在。

在职场上，花在工作上的时间远远超过8小时的人随处可见，他永远忙到“没有时间”；除了处理不完的工作，在生活中，沉迷于购物的人家里堆满了无处安置却又无法丢掉的“垃圾”；喜欢电子游戏的人从来“没有时间”和家人一起外出游玩；爱好美食的人总是把冰箱塞满，每天为做些什么事物花尽心思。

要知道，人的精力都是十分有限的。你在工作上取得了很好的成绩，但却失去了和家人在一起享受自在时光的机会，你觉得可以用购物来缓解压力，结果却因长长的账单而倍感压力。

对于你来说，你每天总有干不完的活儿，做不完的事情，

以至于好像完全没有自己的时间，长此以往你变得烦躁不安。

对于从出生那一天起就走上倒计时的人生来说，你用大把的事情去填满宝贵的时间，看上去有效利用，毫无浪费，实际上，抛开有形的物质收获，你得到的仅是对身体和心灵的压力而已。

时间是有限的，在有限的时间里有许许多多必须做的事在减少我们已经短缺的资源。超负荷的忙碌，日常的压力，导致了生活中很多的不快乐。

梭罗在19世纪就说过，“简化！简化！简化！做两三件事就够了，而不是100或1000件事；与其数到100万，数到半打就够了。”

心理学家蒂姆·凯瑟的研究也指出：“时间上的富裕比物质上的富裕能给人更多的幸福感。”

简单说来，你所感受到的幸福，不是在取得重大成功之后，而是在充分享受休闲之时。相反地，很多人在工作中的成绩被肯定时，反而有强烈的失败感和失落感。那是对消耗在工作上而不是享受休闲中的时间而感到惋惜。如果重新分配给你更多的自由时间去追求对个人有意义的事情，你的人生将更有价值。

要想提高幸福感，除了简化之外别无他法。简化每天必须要面对的繁琐事情，将其排序，勇敢放弃那些不怎么重要的事。幸运的是，做得少不代表就做得不好。

数量影响质量，工作是必需品，但不管你怎么热爱工作，大量劳动如同过度进食。即使再棒的美味，都会变得令人反胃。

现在的时代里，我们总是奉行着加法和乘法，不断地追求更大的利益和权力，不断地索取。其实，人生有一种哲学叫减法：化复杂为简单，化多为少，化粗为精。

一位踌躇满志的老板，在事业上发达了，建了别墅也买了车。他的公司年纯赢利上百万，可是他对员工却非常小气，连自己也是非常节俭。为了省钱，他不坐飞机，平时出行都是坐火车，吃的是方便面，住的是小旅馆。一次办事回来，路上翻了车，他负重伤进了医院，失去了两条腿。经历这次劫难后，老板前后判若两人，人变得温和谦恭，对员工态度也有了改变，一改往日的凶横。有人便问他其中的原因，他直言不讳地说：以前，我都是用加法来衡量人生，人活着要日积月累地发展，要像滚雪球一般地攒钱。自出事以后，我发觉人生适宜于减法，假如我上次被压死，那一切也就都不复存在。所以我明白不要把人生的目标定得太高，比起每天健康又快乐地活着，一切都显得微不足道。

人生的减法哲学，就是减去疲惫、减轻烦恼、减弱沉重、减去心灵上的沉重负担，减去一些奢侈的欲望，减去没有价值的身外之物。海伦·凯勒在《假如给我三天光明》中表达了自己，作为一位盲人对人生中仅有的三天光明的万分珍惜。三天光明，收入眼帘的也只是葱郁的山林、碧绿的草地和可亲的身影……若我们的人生也只是短暂的三天的光阴，那每一小时甚至每一分每一秒都得好好地珍惜呀！

减法哲学告诉我们：减出轻松，减出健康，减出幸福！

为你的生活做减法先动手处理这些事：

整理办公桌：普林斯顿大学研究发现，凌乱的办公桌会分散人的注意力，限制大脑加工信息的能力。所以，将文件等按照工作习惯分门别类整理好，更有助于积极应对工作。

清理衣橱：扔掉“瘦了或者胖了可以穿”“也许以后有机会穿到”“不太喜欢可是舍不得扔又不知道给谁”“上大学

时，有些纪念意义”的衣服。这也是在清理你过往的人生，会让你神清气爽，更会节省大量时间，不必为每天穿什么烦恼不堪。

别把时间花在别人身上。你不用刻意塑造别人眼中的你“应该的模样”，也不用为了别人去努力，更不用和那些与你本不相干的人纠缠。这样你会放松下来，更好地享受自己的时间。

无论是工作，还是生活，都是可以大幅度简化的。时间要用在对自己有意义的事情上，而不是疲于奔命。对身体来说，简化能提升自我能量，对事业来说，简化能让果实更加甜美。生活太累，只因索取过多的物欲和追求。选择轻松姿态，才能发现真正的自己。